乡村振兴人才培养系列教材
图说现代农业高质量发展关键技术丛书

黄花菜高质量发展技术

王伯胜　总策划
王　锐　主　编

中国农业大学出版社
·北京·

内 容 简 介

黄花菜具有菜药兼用的特点，是我国的特色蔬菜之一。黄花菜有着悠久的栽培历史、丰富的品种和巨大的市场价值。笔者分析了我国黄花菜产业的主要问题和对策，从黄花菜的生物学特性的角度讲述了黄花菜的田间栽培模式及相应的典型案例，同时讲述了黄花菜的加工技术和应用价值。

图书在版编目（CIP）数据

黄花菜高质量发展技术 / 王锐主编. -- 北京：中国农业大学出版社，2022.2

ISBN 978-7-5655-2721-0

Ⅰ. ① 黄… Ⅱ. ①王… Ⅲ. ①黄花菜 –蔬菜园艺 Ⅳ. ① S644.3

中国版本图书馆 CIP 数据核字（2022）第 027770 号

书　　名 黄花菜高质量发展技术
作　　者 王　锐　主编

策划编辑 林孝栋　康昊婷　　**责任编辑** 康昊婷
封面设计 郑　川
出版发行 中国农业大学出版社
社　　址 北京市海淀区圆明园西路 2 号　　**邮政编码** 100193
电　　话 发行部 010-62733489，1190　　读者服务部 010-62732336
编辑部 010-62732617，2618　　出　版　部 010-62733440
网　　址 http://www.caupress.cn　　**E-mail** cbsszs@cau.edu.cn
经　　销 新华书店
印　　刷 运河（唐山）印务有限公司
版　　次 2022 年 4 月第 1 版　　2022 年 4 月第 1 次印刷
规　　格 148mm×210mm　　32 开本　　3.875 印张　　130 千字
定　　价 49.00 元

作者简介

王锐，男，汉族，1971年9月出生，中共党员。毕业于宁夏大学农业机械化及其自动化专业，大学学历。现任吴忠市红寺堡区农业技术推广服务中心副主任、农技站站长，农机工程师。

1991-2005年在宁夏彭阳县孟塬乡政府工作，2005-2009年在宁夏红寺堡开发区大河乡政府工作，2009年至今在吴忠市红寺堡区农业技术推广服务中心工作，一直从事农业技术推广工作，近年来主要从事黄花菜产业发展情况分析、存在主要问题及对策研究，黄花菜的田间栽培模式、生产加工技术应用研究等工作。2014年赴荷兰参加设施农业物联网及水肥一体化技术培训。先后荣获全国农牧渔业丰收奖一等奖1次、三等奖2次；荣获自治区农业技术推广先进工作者1次；荣获吴忠市农牧系统十大业务标兵称号1次。发表论文8篇，合著著作2部。

编审人员

总 策 划 王伯胜

主　　编 王　锐

副 主 编 宋大海　马彩萍　张秀丽　安治信　祁小军　徐梓焱　闫　新

参　　编 马　玲　张战胜　王广宇　王　斌　王继涛　冯万贵　何永栋　李国章　张本建　韩　鹏　杨文玲　王玉平　伍　英　刘芳婷

法律顾问 丁延松

主　　审 杨　云　魏小平

前　言

习近平总书记指出，要坚持把解决好“三农”问题作为全党工作的重中之重，把全面推进乡村振兴作为实现中华民族伟大复兴的一项重大任务。乡村振兴，产业兴旺是基础。产业兴旺是解决农村一切问题的前提，实现乡村振兴，培育乡村发展的内生动力就显得尤为重要，而产业便是关键。

近年来，伴随黄花菜综合利用价值的深度挖掘，其需求和消费呈明显增长趋势，市场供不应求，价格一路飙升。

在我国，黄花菜种植业的发展越来越快，在“政府引导、企社带动、合作联动、科技驱动”等多方力量的努力下，黄花菜产业逐步走上了规模化、标准化、品牌化的发展道路。黄花菜产业作为一项改善生态环境、促进农民增收的特色产业已逐步形成。

为适应黄花菜产业发展的需要，我们在《黄花菜绿色种植技术》的基础上，紧扣国内黄花菜产业发展与开发利用的新技术和最新发展动态，经过几年不断的积累和探索，按照了解黄花菜、种植黄花菜、加工黄花菜的思路编写本书，本书内容循序渐进，可操作性强。

编者根据黄花菜产业发展到实际应用，广泛吸取全国各地同行多年种植管理经验编撰此书，供黄花菜种植与经营者参考，内容中有不妥之处，恳请读者批评指正。

王伯胜

2022年4月

目录

第一章　黄花菜的概况 / 1

一、黄花菜的栽培史 / 2
二、黄花菜的种植区域 / 2
三、黄花菜的市场应用价值 / 3
（一）食用价值 / 3
（二）药用价值 / 6
（三）观赏价值 / 7
（四）生态价值 / 9

第二章　我国黄花菜产业发展问题与对策 / 11

一、黄花菜产业发展的意义 / 12
（一）市场前景广阔 / 12
（二）经济效益较高 / 12
（三）乡村振兴意义深远 / 12
二、我国黄花菜产业发展现状 / 13
（一）国内黄花菜主产区发展现状 / 13
1. 宁夏中部干旱带黄花菜产区 / 14
2. 大同县黄花菜产区 / 16
3. 庆阳县黄花菜产区 / 17
4. 祁东县黄花菜产区 / 18
（二）其他区域黄花菜产业发展现状 / 19
1. 大荔县黄花菜产区 / 19
2. 闽南黄花菜产区 / 19
3. 渠县黄花菜产区 / 19
4. 淮阳黄花菜产区 / 20
5. 邵东黄花菜产区 / 20
三、我国黄花菜产业发展存在的问题 / 20
（一）产业化程度不高 / 20
（二）缺乏相应标准 / 21
（三）生产体系不完善 / 21

（四）深加工能力不足 / 21
（五）品牌效益不高 / 22
四、我国黄花菜产业发展对策建议 / 22
（一）推进规模化、专业化生产 / 22
（二）完善质量监控体系建设 / 22
（三）提高产业组织化程度 / 23
（四）提升加工技术水平 / 23
（五）加强宣传和培训 / 23
（六）推广标准化栽培技术 / 23
（七）注重品牌建设 / 23
（八）开发观光农业 / 24

第三章　黄花菜的生物学特性 / 27

一、生长环境特征 / 28
（一）对土壤条件的需求 / 28
（二）对温度条件的需求 / 29
（三）对水分条件的需求 / 30
（四）对光照条件的需求 / 31
二、植物学特征 / 31
三、生育期特征 / 32
（一）春苗生长期 / 33
（二）抽薹现蕾期 / 33
（三）开花期 / 34
（四）冬苗生长期 / 34
（五）休眠期 / 34
四、干物质累积规律和养分吸收累积特征 / 35
（一）干物质累积规律 / 35
（二）养分吸收累积特征 / 35
五、繁育方式 / 36
（一）分株繁殖 / 36
（二）分芽繁殖 / 36
1. 良种株选育 / 37
2. 芽块剪取 / 37
3. 育苗和栽培 / 37
（三）种子繁殖 / 37
1. 选择制种的种株 / 37
2. 育苗 / 38
（四）组织培养 / 38
（五）花葶扦插育苗 / 38

第四章　黄花菜品种及分类 / 41

一、黄花菜主要栽培品种 / 42
（一）黄花菜 / 42
（二）北黄花菜 / 42
（三）小黄花菜 / 43
（四）萱草 / 43
二、黄花菜品种分类 / 48
（一）按照植物形态特征分类 / 48
（二）按照成熟时间分类 / 49
（三）按照加工特性分类 / 49
（四）按照颜色分类 / 49

第五章 黄花菜露地栽培技术 / 51

一、选种育苗 / 52
（一）品种选择 / 52
（二）育苗处理 / 52
二、选地与整地施肥 / 52
（一）选地 / 52
（二）整地 / 52
（三）足施基肥 / 53
三、田间栽植 / 53
（一）栽植时间 / 53
（二）栽植形式与密度 / 53
（三）栽植深度 / 54
（四）栽植方法 / 54
四、田间管理 / 54
（一）定植后幼龄期管理 / 54
（二）合理排灌 / 54
（三）中耕培土 / 55
（四）保蕾 / 55
（五）休眠期管理 / 55
1. 割老叶 / 55
2. 促发冬苗 / 55
3. 堆蔸 / 56
（六）合理间作 / 56
五、科学施肥 / 56
（一）重施基肥 / 56
（二）速施催苗肥 / 57
（三）巧施薹肥 / 57
（四）紧施壮蕾肥 / 57
（五）施好越冬肥 / 57
六、病虫害防治 / 58
（一）虫害防治 / 58
1. 红蜘蛛 / 58
2. 蚜虫 / 59
3. 蓟马 / 60
4. 地下害虫 / 61
（二）病害防治 / 62
1. 锈病 / 62
2. 叶斑病 / 63
3. 叶枯病 / 64
4. 黄叶病 / 65
5. 基腐病 / 66
6. 根腐病 / 67
7. 枯萎病 / 67
七、黄花菜的采收 / 68
八、综合管理技术 / 69
九、露地黄花菜种植案例 / 71
（一）庆阳无公害黄花菜种植 /71
1. 选地 / 71
2. 选种 / 72
3. 田间管理 / 72
4. 产地检测 / 72
5. 示范效果 / 72
（二）庆城双色长寿地膜覆盖免耕栽植 / 72
1. 选地与整地 / 72
2. 选种与育苗 / 73
3. 划行与定植 / 73
4. 覆膜 / 73
5. 田间管理 / 73
6. 示范效果 / 74

（三）大同县优质黄花菜标准化种植 / 74
1. 选地 / 74
2. 繁育 / 74
3. 田间管理 / 74
4. 质量特色 / 75

第六章　黄花菜设施栽培技术 / 77

一、设施黄花菜的特点 / 78
（一）上市早、周期长 / 78
（二）经济效益好 / 78
（三）植株生长优势强 / 78
二、设施黄花菜的生育期 / 78
三、设施黄花菜品种的选择 / 79
四、设施黄花菜早熟栽培技术 / 79
（一）选地和建棚 / 79
（二）整地与起垄 / 79
（三）移栽与覆膜 / 80
（四）合理施肥 / 80
（五）田间管理 / 81
1. 温度 / 81
2. 水分 / 81
3. 中耕培土 / 81
（六）病虫害防治 / 81
（七）采收 / 82
（八）后期管理 / 82
1. 深翻土壤 / 82
2. 施底肥 / 82
3. 适时除去老叶、花秆 / 82

第七章　黄花菜改土套餐施肥技术 / 83

一、改土套餐施肥技术概述 / 84
（一）改土套餐施肥技术的优势 / 84
（二）改土套餐施肥的基本原则 / 84
（三）黄花菜改土套餐施肥的制定流程 / 85
1. 明确拟施套餐肥的黄花菜品种 / 85
2. 问题调研与对策制定 / 85
3. 设计方案 / 85
4. 开展套餐肥试验及效果分析 / 86
5. 效果反馈及方案修正 / 86
二、宁夏中部干旱带黄花菜优质高产套餐施肥技术示范 / 86
（一）基本情况调查 / 86
（二）土壤指标测定与肥力判定 / 86
（三）作物数据 / 87
（四）追肥方案 / 87
（五）灌溉方案 / 88
（六）宁夏中部干旱带黄花菜套餐施肥产品组合 / 88
1. 功能性土壤改良剂 / 88
2. 黄花菜液体专用肥（苗期和花期）/ 88
3. 蚯蚓生物技术套种套养 / 88

第八章　黄花菜加工技术 / 91

一、保鲜技术 / 92
（一）气调保藏 / 92
（二）冷冻与冷藏 / 92
（三）化学保鲜 / 93
（四）物理保鲜 / 94
（五）热处理 / 95
（六）生物免蒸保鲜 / 96
二、黄花菜的干制技术 / 96
（一）选料 / 96
（二）预处理 / 97
1. 蒸制 / 97
2. 腌制 / 99
（三）干燥 / 100
1. 晒干法 / 100
2. 烘干法 / 100
（四）熏硫与回软 / 102
（五）检验 / 102
（六）黄花菜分级 / 102
（七）包装与产品贮存 / 102
三、黄花菜新产品的加工 / 105
（一）即食黄花菜 / 105
（二）速冻黄花菜 / 105
（三）黄花菜饮料 / 106
（四）黄花菜餐饮食品 / 106
1. 黄花菜泡菜 / 106
2. 黄花菜汤菜 / 107
3. 膳食纤维食品 / 107
（五）药膳食品 / 107
（六）花粉食品 / 107

龍

第一章

Chapter 1

黄花菜的概况

黄花菜，又名金针菜、忘忧草，学名萱草，百合科萱草属宿根多年生草本植物，其食用部分为花蕾，是我国的特色蔬菜之一。因其具有菜药兼用的特点，是为素食中的上品。黄花菜与木耳、蘑菇并称为“素食三珍”，与香菇、木耳、冬笋一起被称为蔬菜中的“四大珍品”，近年来越来越受人们的青睐，消费量呈逐年上升态势。

一、黄花菜的栽培史

黄花菜原产亚洲和欧洲，中国山地有野生种。黄花菜在中国历史悠久，最早记载可见《诗经·卫风·伯兮》篇，有“焉得谖草，言树之背”之句。谖草，即萱草。晋代周处编著的《风土记》中有“宜男又名萱草，妊妇佩之必生男”的记载。晋太子太傅丞崔豹编撰的《古今注》载“欲忘人之忧，则赠以丹棘（萱草）”。古人又称萱草为忘忧草，文人志士常借用其安神忘忧的特点写诗作赋，抒发情怀。宋苏颂《图经本草》（成书于1061年）记载：“萱草……处处田野有之……五月采花，八月采根用。今人多采其嫩苗及花，跗作菹”，表明当时“萱草”仍处于野生状态，尚未人工栽培，以采收“花器”入蔬。历代《本草》也记载了萱草的药用价值。根据唐孟诜《食疗本草》、陈藏器《本草拾遗》，宋《嘉祐本草》，明朱橚《救荒本草》记载，唐宋时期萱草花尚未列入蔬菜范围，仍属观赏兼药用植物。

宋代以后人们以食用花器及其颜色命名之，称之为“黄花菜”。而明代兰茂编著的《滇南本草》又称之为“金花菜”。据记载，黄花菜作为蔬菜栽培始于明代，明弘治元年，湖南省祁东县官家嘴镇永年村村民管福民、管福顺兄弟在该村的大福园、豆子园开始移种培育黄花菜。成书于1578年的《本草纲目》载有“萱，宜下湿地，冬月丛生……新旧相代，四时青翠……今东人采其花跗干而货之”，印证了明代已有黄花菜人工栽培，并已有黄花菜的干制品应市了。

二、黄花菜的种植区域

黄花菜对气候条件以及土壤基质的适应性较强，在我国大部分地区均有栽培，包括湖南、湖北、山西、江西、江苏、浙江、广东、四川、甘肃、陕西、吉林和内蒙古等地。我国黄花菜主要产区为湖南、山西、甘肃、江苏、浙江、四川等，其中以湖南省栽培面积最大，其产量占全国产量的60%左右。湖南省的祁东县、邵东县、邵阳县、衡阳县、湘潭县、耒阳县等均有黄花菜种植。另外，在我国的甘肃省（庆阳县、平凉县、庆城县、合水县、华池县等）、山东省（平邑县、汉南镇等）、山西省（大同县、沁源县等）、浙江省（缙云县、庆元县等）、贵州省（黔西县、石阡县等）、河南省淮阳县、江苏省宿迁市、陕西省大荔县、四川省渠县、宁夏（红寺堡区、盐池县、彭阳县）等地也有大面积种植。其中甘肃庆阳、湖南邵阳、陕西大荔、江苏宿迁为我国黄花菜的著名产区。此外，山东寿光保护地形成了反季节栽培主产区。

三、黄花菜的市场应用价值

黄花菜很早就被列为常用食疗食品之一，中医认为其具有良好的保健功能。此外黄花菜还具有良好的食用、药用、观赏和生态价值。

（一）食用价值

黄花菜味道鲜美，色泽金黄，香味浓郁，食之清香、爽滑、甘甜，自古有“席上珍品”和“观为名花，用为良药，食为佳肴”的美誉。黄花菜营养丰富，含有大量的糖类、蛋白质、维生素、无机盐及人体必需的氨基酸。《随息居饮食谱》记载：“萱花，干而为菹，荤素宜之，与病无忌，为佐餐佳品”。从所含营养成分来看，黄花菜比胡萝卜、红番茄、花椰菜、冬笋、大白菜等具有更高的营养价值，在钙、磷、铁、锌和硒等矿物元素以及粗纤维的含量方面较为突出，均高于常见菜种，属高蛋白、低热值、富含维生素及矿物质的绿色保健菜。黄花菜作为一种可食花卉，含有常见挥发性成分60多种，其中大量的醇和酯类香气物质赋予了其独特怡人的风味。

值得注意的是，黄花菜宜加工成干货食用。因为鲜黄花菜中含有一定量的秋水仙碱，进入人体后被氧化成二秋水仙碱，会刺激消化、呼吸系统，从而引发恶心、呕吐、口干舌燥、腹泻等不适反应。秋水仙碱易溶于水，遇热易分解失去毒性，所以黄花菜一般需要加工成干货，煮熟后食用，既美味可口，又有益于身体健康。但每次食用量最好不超过100 g。

不同品种黄花菜

部分黄花菜不同做法

黄花菜与其他蔬菜营养成分的比较

成分	鲜黄花菜	干黄花菜	花椰菜	红番茄	冬笋	大白菜	胡萝卜
可食部分 /%	99	100	53	97	39	68	79
水分 /g	82.3	11.8	92.6	95.9	88.1	95.6	89.3
蛋白质 /g	2.9	14.1	2.4	0.8	4.1	1.1	0.6
脂肪 /g	0.5	0.4	0.4	0.3	0.1	0.2	0.3
碳水化合物 /g	11.6	60.1	3	2.2	5.7	2.1	8.3
热量 /kJ	263.8	1256	10.5	62.8	40	15	159.1
粗纤维 /g	1.5	6.7	0.8	0.4	0.8	0.4	0.8
灰分 /g	1.2	6.9	0.8	0.4	1.2	0.6	0.7
钙 /mg	73	463	18	8	22	61	19
磷 /mg	69	173	53	24	56	37	29
铁 /mg	1.4	16.5	0.7	0.8	0.1	0.5	7
胡萝卜素 /mg	1.17	3.44	0.08	0.37	0.08	0.01	1.35
硫胺素 /mg	0.19	0.36	0.06	0.03	0.08	0.02	0.04
尼克酸 /mg	1.1	4.1	0.8	0.06	0.6	0.3	0.4
核黄素 /mg	0.13	0.14	0.08	0.02	0.08	0.04	0.04
抗坏血酸 /mg	33	0	83	8	1	20	2

注：表中营养成分含量均以 100 g 计。

（二）药用价值

黄花菜在中国具有悠久的食疗应用历史，明代可以人工栽培，根、叶、茎、花均可入药。多本中药典籍都记载了黄花菜的药用功能。《神农本草经》记载萱草的根有清热凉血的作用，是治疗肝炎、腮腺炎、内出血等疾病的中药材。《本草纲目》记载黄花菜有利胸膈、安五脏、轻身明目、治小便赤涩、解烦热，除酒瘟、令人好欢无忧等药效。《随息居饮食谱》记载黄花菜可“利膈、清热、养心、解忧释忿、醒酒、除黄”。《本草求真》记载萱草味甘而气微凉，可祛湿利水，除热通淋，止渴消烦，开胸宽膈令人心平气和，免于忧郁以及通结气、利肠胃、利湿热。《滇南本草》记载其“补阴血、止腰痛、治崩漏、乳汁不通”。中医认为黄花菜的花有健胃、通乳、补血的功效，哺乳期妇女乳汁分泌不足者食之，可起到通乳下奶的作用；根有利尿、消肿的功效，可用于治疗浮肿，小便不利；叶有安神的作用，能治疗神经衰弱，心烦不眠，体虚浮肿等症。习惯上各种萱草的根入药不分，而作为食用只用黄花萱草的花蕾。

近代中外学者对黄花菜的药用价值有了进一步发现，指出其含有天冬素、卵磷脂、硒、蒽醌和甾体等化合物，具有显著地降低血清胆固醇、抗衰老、增强大脑机能和防癌等作用。卵磷脂是机体细胞，特别是大脑细胞的组成成分，对增强和改善大脑功能有重要作用，同时能清除动脉内的沉积物，对注意力不集中、记忆力减退、脑动脉阻塞等症状有特殊疗效；同时还能滋润皮肤，增强皮肤的韧性和弹力，使皮肤细嫩饱满、润滑柔软、色斑消退。研究表明，黄花菜能显著降低血清胆固醇的含量，有利于高血压患者的康复，可作为高血压患者的保健蔬菜；黄花菜具有消炎和治疗黄疸病的功效；黄花菜的提取物秋水仙碱可抑制纤维原细胞的增生，从而阻止癌细胞增殖，在临床已经应用于乳腺癌、皮肤癌和白血病的治疗。通过动物试验人们还发现，黄花菜具有镇静及减轻失眠的作用，对于血吸虫病这种由血吸虫寄生引起的疾病也具有一定的治疗效果。不过黄花菜是近于湿热的食物，胃肠损伤、胃肠不和的人，应少吃为好；平素痰多，尤其是哮喘患者，不宜食用。

（三）观赏价值

黄花菜在国外属观赏植物，只有我国既作观赏用，也用于药用、食用。

黄花菜是萱草属，其叶似兰草，翠绿丛生；花如蛱蝶，红黄点点、摇风曳影、丰韵可人。而且黄花菜春季萌发早，品种繁多，是布置庭院、树丛中的草地或花境等地的好材料，也可做切花，具有很高的观赏价值。

我国古人很早就将它作为庭院观赏植物，曾为它写下不少赞美的诗歌。苏东坡曾云：“萱草虽微花，孤秀能自拔；亭亭乱叶中，一一芳心插。”。白居易也有诗云：“杜康能散闷，萱草解忘忧。”。从科学的角度来看，黄花菜本身并未含有任何解忧的元素，不过在观赏之际，它确能助人转移情感，稍散一时闷，略忘片刻之忧。

作为观赏品种的萱草原产于我国南部，现南北各地皆有栽培；叶片线状披针形，叶面带粉白色，花攀高达1 m以上，圆锥花序，着花6～12朵，花色为橘红至枯黄色，阔漏斗形，长7～12 cm，且内轮花被比外轮花被宽，边缘微显波状，盛开时裂片反曲，花径约11 cm，花期为6～8月，无香味。本种有变种，如千叶萱草（Var.*kwanso*）；长筒萱草（Var.*longituba*），花筒较长，花被片较狭；玫瑰红萱草（Var.*rosea*），花玫瑰色；斑花萱草（Var.*maculata*），花较大，内部有明显红紫色条纹；多倍体萱草（*H.fulva*），从国外引进，花大，径可达19 cm，一个花葶上可开花40余朵，色彩丰富，有黄、杏黄、橘黄、红、黑红、粉红、紫等色，是近年来较受欢迎的宿根花卉。

作为蔬菜栽培的黄花菜也可用于农业观光，种植规模成片后具有较高的观赏价值，同时可用于采摘，也可作为其他主题农业观光园的辅助栽培品种，在路边、边缘地带、隔离带、配色点等处间套种植，或作为农业观光园的休闲亭、观光廊等建筑物周边陪衬栽培品种进行种植。此外，黄花菜还可作为山地农业观光园坡壁等空隙地栽培品种。黄花菜的肉质根系发达，有利于园内涵养水分，在果园、茶园等山地作物观光园的坡壁、斜坡地等边沿地、空隙地栽种，能起到增添绿意和防止水土流失的作用。

从品种上来说，用于食用或观赏的萱草属植物并无明显的特征差别，只是红花、大花、小花、重瓣花等品种因加工干制后成品外观不佳，故列入观赏类；而鹅黄色、橙黄色、花瓣狭、花蕾长、雄蕊黄色，有香气，产量高，易于加工的品种则列入了食用类。

集中连片种植的黄花菜

（四）生态价值

黄花菜具有根量大且分布广的特点，有助于增强自身的耐盐能力，且多年种植对盐碱地有明显的脱盐改土效应；同时强大的根系可以牢牢抓住土地，在暴雨、洪涝后可防止水土流失，改善生态环境。研究表明，在宁夏、甘肃的盐碱地地区种植黄花菜后。第一，盐碱地盐分降低，且脱盐率随着栽植年限的增加而提高。第二，土壤容重降低，孔隙度提高。土壤的结构、物理性状、肥力状况均得到改善。第三，土壤中的有机质、氮、磷含量均比栽植黄花菜前有所提高，土壤养分增加。此外，种植黄花菜时适当施用有机肥可产生更好的脱盐效果。有研究表明，黄花菜对氟污染十分敏感，当空气受氟污染后其叶尖端由绿变褐，可作为监控空气质量的指示作物。

黄花菜的生态价值连片

参 考 文 献

［1］ 常二强．“七须”黄花菜的营养价值与种植前景［J］．中国果菜，2017，37（10）：42–44.

［2］ 何莉，张天伦．黄花菜的生物学特性及应用价值分析［J］．农业科技通讯，2012（3）：176–178.

［3］ 谢雪峰．黄花菜产业发展规划［J］．湖南农业，2016（11）：5–6.

［4］ 黄凤耀．黄花菜的特征特性及利用价值［J］．甘肃农业，2007（3）：79–80.

［5］ 毛建兰．黄花菜的营养价值及加工技术综述［J］．安徽农业科学，2008，36（3）：1197–1198.

［6］ 南炳东，付金元，肖正璐．庆阳黄花菜的营养价值及开发前景［J］．中国食品工业，2016（6）：62–63.

［7］ 任天应，张全发，张乃生．盐碱地种植黄花菜脱盐改土效应研究［J］．山西农业科学，1990（11）：14–15.

［8］ 任重．江苏宿迁黄花菜栽培史［J］．中国农史，1985（3）：38–45.

［9］ 尚国佐．盐碱地种植黄花菜［J］．山西农业：致富科技，2008（8）：17–17.

［10］ 唐道邦，夏延斌，张滨，等．黄花菜的食用价值及开发利用［J］．中国食物与营养，2003（8）：23–24.

第二章
Chapter 2

我国黄花菜产业发展问题与对策

一、黄花菜产业发展的意义

（一）市场前景广阔

作为优质保健和面食佐餐蔬菜，黄花菜市场认知度较高，在欧美各地也栽培颇盛，深受消费者喜爱，被欧洲人称为“21世纪生活的新潮食品”。黄花菜在国内外市场需求旺盛，销售价格年年攀升，销量日益扩大，因而菜农种植积极性较高。据统计我国商品黄花菜种植面积只有50余万亩，年产量约12万t，而市场年需求总量约为13万t，需求量呈不断上升趋势，且我国的黄花菜集中栽植较少、品种单一、经营粗放、品质低下。总体而言，黄花菜市场缺口较大，尤其是优质高档黄花菜市场缺口更大，纯绿色天然无硫黄花菜年产量只有不到5 000 t。

随着社会发展的不断加快，人们的生活水平也有了极大的提高，对有机食品、绿色食品和无公害食品越来越重视，特别是营养保健、无污染和绿色蔬菜，具有旺盛的市场需求。“绿色、天然、美味、营养、健康”的食品必将是未来的消费潮流和发展方向，黄花菜也必然会受到市场和消费者的青睐，市场前景非常广阔。

（二）经济效益较高

近几年，随着黄花菜种植面积和产量的增加，其在农作物中的比较效益凸显。

在西北地区常采用宽窄行栽培方式种植黄花菜，亩可栽苗5 500～8 300株，栽后3年进入盛产期，亩产干花可达300 kg以上，按最低保护收购价20元/kg计算，亩产值可达6 000元以上。除去每亩种植成本3 400元（含种苗年摊销费150元、肥料农药投入200元、中耕除草投入800元、采摘鲜花投入2 250元），每亩纯收益在2 600元以上，远高于相同土壤条件下种植的其他作物如小麦、玉米、花生的纯收入。

（三）乡村振兴意义深远

沙地既是全国生态脆弱区，又是产业薄弱地区；既是生态建设主战场，也是巩固脱贫攻坚成果，实施乡村振兴的重点难点地区，改善生态与发展经济的任务都十分繁重。西北沙区因土壤环境恶劣，一般的经济作物很难种植，而黄花菜耐干旱，种植简单，管理粗放，对地形要求不严，山坡、平地、贫瘠盐碱地等都可以种植，加之黄花菜具有较高的经济价值，大力发展黄花菜产业对解决三农问题、实施乡村振兴和农村经济的发展、提升我国农产品的国际市场竞争力都有深远的意义。

大同县依靠黄花菜脱贫致富的案例享誉全国。大同县政府高度重视黄花菜种植产业，通过加大项目扶持和市场开拓，黄花菜种植已初步形成了“农户+基地+合作社+龙头企业+市场”的产业化格局。通过黄花菜种植，大同县每年有5 000左右人口稳定脱贫致富。2020年5月习近平总书记在山西考察调研时曾指出，一定要保护好、发展好这个产业，让它作为人民群众致富的好门路。

大同县的案例在西北贫瘠地区值得推广，发展黄花菜产业，有利于通过生态保护脱贫、生态建设脱贫、生态产业脱贫，让沙地变绿、让农民变富、让乡村变美，实现防沙治沙与精准脱贫互利共赢。

二、我国黄花菜产业发展现状

（一）国内黄花菜主产区发展现状

黄花菜适应性强，栽培简单，全国各地均有分布。黄花菜在全国种植面积逐年增大，规模化和集约化的程度越来越高，湖南祁东、山西大同、河南淮阳、陕西大荔、甘肃庆阳是我国著名的黄花菜主产区。甘肃庆阳是目前全国最大的黄花菜产区。种植面积发展较快的还有红寺堡区，位于宁夏中部干旱带，是国内优质黄花菜产区，种植面积已发展到5万余亩。除河南淮阳、宁夏红寺堡在平原种植外，其余地方基本都在山坡丘陵地种植；且除上述优质主产区外，其他地区缺少系统标准化种植，品种单一，缺乏统一的质量标准，黄花菜的产品质量不稳定。

一般来说，南方地区因气候湿润，黄花菜产量比北方干旱地区高，平均亩产鲜花1 600 kg，干花150 kg。季节性降雨会影响南方黄花菜的亩产量，且亩产量的变幅较大。鲜花采摘大多集中在6～7月的冬小麦成熟期，时间长达40天左右，如遇阴雨天气，鲜菜不能及时采摘晾晒而霉烂，将会大大影响黄花菜的产量和品质。在西北地区，光照充足、昼夜温差大，黄花菜的品质往往比南方要好。

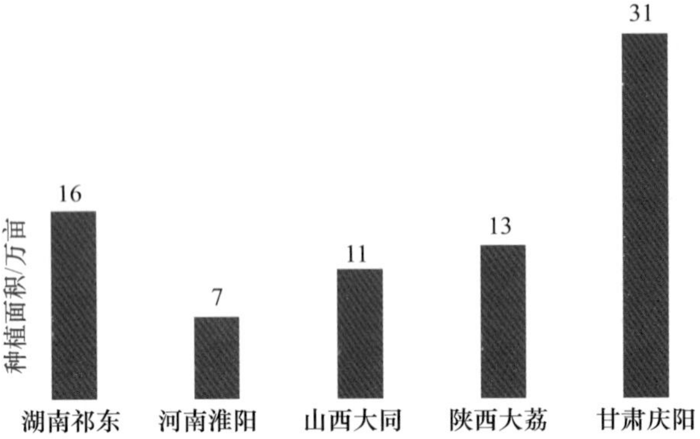

2016年黄花菜五大主产区种植面积

1. 宁夏中部干旱带黄花菜产区

宁夏中部干旱带种植的黄花菜品种主要是从甘肃引进的“大乌嘴”，也叫“大金条”。

色泽黄亮、条长肉厚、营养丰富、久煮不烂、品质上乘。受黄土高原独特的气候条件和地理环境影响，宁夏中部干旱带光照时间长、昼夜温差大、土壤无污染且硒元素含量高。目前已探明富硒土地超过10万亩，富硒区成片连带、分布较广，富硒地层厚度达200 cm以上。硒被誉为“抗癌之王”“长寿元素”，土壤中的硒可以通过生物转化与氨基酸结合而成为植物活性硒，有利于人体吸收。加之春暖迟、夏热短、秋凉早、冬寒长，独特的气候条件造就了种植特色优质农产品的绝佳地区，针对这一独特的地理和气候优势，宁夏中部干旱带县区将黄花菜作为扬黄灌区作物结构调整、农民增收致富的首选作物，作为群众脱贫致富的优势主导产业来抓，已累计发展富硒黄花菜16万亩，认证富硒黄花菜生产基地12个，培育黄花菜种植专业合作社63家，注册“红寺堡黄花菜”“盐池黄花菜”“兴茗萱”“坤美”“蕙宣王”“宥恒丰”等20个公用品牌、企业产品商标。该产区2016年被评为“中国食品安全示范基地”，2017获全国果菜产业绿色发展百佳地标品牌和全国十大地标蔬菜品牌荣誉称号，2018年被评为“中国富硒黄花菜明星产区”，2020年被评为“富硒黄花菜产品质量追溯示范区”“西部天然富硒黄花菜示范基地”“西部富硒黄花菜第一镇”。

当地政府把“打造黄花菜之都”作为工作重点，并推出八大举措确保黄花菜产业的发展。

（1）发挥优势，准确定位

充分发挥宁夏中部干旱带土地资源丰富、昼夜温差大、畜牧业相对发达、有机肥源充足等资源和生态优势，把黄花菜当做精准扶贫工作基础性、保底性的富民增收产业来抓，科学定位、高标准谋划，坚持“高产、优质、高效、生态、安全”的方针，把传统实践经验和现代科技成果、先进技术相结合，以发展绿色、有机产品为目的，以优质和特色求生存，推动宁夏黄花菜产业健康、持续发展。

（2）区域布局，分类指导

宁夏产区地域广阔，不论在生产条件还是农民耕作习惯上都有较大的差别，因此，在黄花菜产业发展规划上实行区别定位。一是黄花菜主产区，以红寺堡区、盐池县为中心。二是黄花菜适宜区，在土壤瘠薄、土地面积大、有机肥源充足的地区，鼓励有栽植意愿的农户，有条件地发展绿色无公害产品，达到以质取胜。其他县市作为配套区。

（3）分散经营，规模发展

根据黄花菜生长发育特点，结合黄花菜生产实际，确定黄花菜产业以家庭分散经营为主、有灌溉条件及生产管理条件较好的地方实行适度集中的方针，每户连片种植规模3亩以上。同时，积极培育发展龙头企业、合作社、种植大户，探索“合作社（企业）+基地+农户”的经营模式，建立利益共享、风险共担的利益联动机制，实行龙头企业或专业合作社与农户合同化管理、订单式服务，增强抵御市场风险的能力。同时以宣传动员、算账对比等形式，引导农民主动调整种植结构，充分调动其栽植积极性，大力发展黄花菜产业。

（4）建立黄花菜科技示范基地

不断加强企业技术升级改造，创立企业发展新模式，从种苗繁育开始，不断强化育苗、栽培、加工、包装和销售各个环节的技术攻关，拉长产业链条，促进产业升级。具体工作包括：

面对种植管理用工量较大的实际情况，引导农户栽培早、中、晚熟品种来错开劳动集中高峰。同时提高品种的品质和产量，发展组培、脱毒苗实验，为种植户提供优质的种苗。

针对黄花菜主要是人工采摘为主，劳动效率低下的情况，研发自走式半自动和手持式采摘机器。

鉴于黄花菜鲜货上市季节时间较短、无法对国内市场持续供货的情况，充分发挥当地设施农业的优势，提高黄花菜种植的时间长度，并大力发展速冻产品，解决黄花菜鲜货断档问题。

针对栽培黄花菜前三年基本没有收益的情况，科学引导农户开展多种作物与黄花菜套种，增加种植户的收益。

以实际试验数据为准，加大种植户种植技术、科学栽培方面的知识培训。

（5）打造黄花菜之都

引导黄花菜品丰富多样化，成为推荐菜；将黄花菜用于城市绿化，力争实现“满城尽是黄花菜”；打造黄花菜专卖店，同时在道路橱窗、公交车辆等进行宣传等。

（6）编写黄花菜标准化种植教材

针对种植技术规范程度不高的现状，组织编写《黄花菜绿色栽培手册》，2021年编写《黄花菜高质量发展技术》，提高本地的黄花菜知名度和栽培水平。

（7）切实注重商标策略，全力争创精品品牌

进一步增强黄花菜区域品牌意识，由政府推动品牌建设，引导企业注重商标的重要性，以品牌提高企业经济效益，转变经济发展方式。

（8）建立健全长效机制，确保产品质量安全

重点抓好产地环境认证和质量监测、产品质量认证、农业投入品监管和市场准入等制度建设，积极发展绿色、有机黄花菜，确保产业又好又快发展。

2. 大同县黄花菜产区

（1）种植规模逐渐扩大

山西大同县委县政府将黄花菜产业作为支柱产业大力扶持，以扩大黄花菜的种植面积。2013年底大同黄花种植面积3 000多hm^2，到2019年已达到11 000多hm^2。

（2）贮藏保鲜手段单一，仍以干制为主

黄花菜是一种经济价值较高的特色蔬菜，但不易保存。随贮藏时间加长，黄花菜品质逐渐变劣，失去食用价值。即使在冷藏条件下，黄花菜保鲜期也十分有限，常规冷藏可保存3～4天，供应时间非常短，对物流和销售均有较高要求。而对于没有冷库等冷藏手段的农民来说，烘干加工是保证黄花菜食

用价值的主要途径。经调研发现，在大同产区不论是种植散户还是经营黄花菜收购、销售的农民专业合作社，干黄花都是其主要的加工产品。

（3）政府大力支持，产业发展环境好

大同县把黄花菜列为“一县一业”的主导产业，从政策、资金、项目等方面都给予了大力支持。在种植方面，大同县出台补贴政策，即新增1亩黄花菜，政府补贴500元；连片20 hm^2以上，配套水电路渠。在采摘方面，大同县帮助黄花菜种植户解决采摘用工难的问题，多渠道积极联系外地农民和即将放假的学生参与到黄花菜采摘的队伍中，同时也给学生提供勤工俭学的机会。在晾晒方面，大同县帮助种植黄花菜10亩以上的农户、33 hm^2以上的村建设晾晒场地，将暑期校园空余场所提供给黄花菜种植户作为晾晒场地；气象局给2亩以上的农户常年免费发放天气预报。在运输方面，交警运管部门全力配合，确保黄花菜运输安全畅通。在销售方面，县黄花菜办组织联系采摘工，为种植户、收购企业提供种植、销售信息等服务。大同县黄花菜办还在谋划组织黄花菜加工企业、黄花菜专业村、种植大户、经销大户联合成立黄花菜合作协会，协会的成立必将有利于当地黄花菜产业的做大做强。

3. 庆阳市黄花菜产区

甘肃庆阳是久负盛名的黄花菜之乡，出产的黄花菜素有“西北特级金针菜”之誉。庆阳黄花菜之所以如此著名，与当地的水土和栽培技术有关。庆阳地处甘肃东部，境内丘陵起伏，塬坝纵横，土质肥沃，雨量适中，气温较高，光照充足，自然条件十分适宜黄花菜生长。近年来，庆阳市将黄花菜产业作为发展的支柱产业之一，制定了黄花菜发展规划，出台了一系列优惠扶持政策，加大投资开发力度，使黄花菜产量和质量不断提高。

（1）生产面积大

庆阳黄花菜是中国黄花菜生产的主产区之一，产量占甘肃省的90%以上，占全国的40%以上，种植面积及总产量均居全国之首。

由于黄花菜的投入少、产量高，市场价格远高于其他农产品，农村家家户户都有在田间地头、房前屋后种植的习惯，黄花菜的种植面积仍在快速增长。

（2）产品品质优良

得天独厚的自然条件使得庆阳所产黄花菜条长色鲜、久煮不散、肉厚味醇、色泽黄亮，营养非常丰富，品质在全国同类产品中名列前茅，是黄花菜中的极品。

（3）产品品牌效应好，市场竞争能力较强

庆阳黄花菜的品质在全国名列前茅，从20世纪80年代起，黄花菜就成为庆阳市出口创汇的拳头产品，多年来远销欧美、日本、东南亚各国，产品供不应求，是全国农副产品外销创汇的重要商品，具有较大的发展潜力。2006年12月，国家质检总局根据《地理标志产品保护规定》，批准了对庆阳黄花菜实施地理标志产品保护。庆阳现已注册的黄花菜商标有“庆针牌”“华蕾牌”“蓓蕾牌”等，均具有较好的品牌效应，大大提升了庆阳黄花菜的知名度，提高了其市场竞争力，增加了农民的收益，增强了农民栽培黄花菜的积极性。

4. 祁东县黄花菜产区

（1）种植规模逐年扩大

湖南省祁东县是全国最主要的黄花菜产区，占全国总产量的70%以上，2002年获得国家黄花菜原产地称号。在各级政府的大力支持下，从2000年开始，祁东的黄花菜种植面积飚升到1万hm^2，菜农达40万人，总产量超过全国的一半，祁东县还被国家命名为“黄花菜原产地”。由此，奠定了祁东作为全国黄花菜产业的总指挥部和大本营的地位，祁东县作为黄花菜原产地和全国最大的黄花菜种植基地，2006年干黄花菜产出总量达4.1万t。

从祁东县城出发，有风石堰、白地市、响鼓岭、黄土铺、官家嘴、步云桥、蒋家桥等几个大镇，黄花菜产区集中在以官家嘴镇为中心，覆盖黄土铺、步云桥2个镇的拓展范围。全县年产干黄花菜8万t，年销售额10多亿元，已经成为祁东农业经济的主要来源。

（2）种植品种不断优化

祁东县黄花菜品种主要有早、中、迟熟3大类型超20个品种，早熟型有：四月花、五月花、清早花、早茶山条子花4种；中熟型有：猛子花、白花、茄子花、杈子花等20种；迟熟型有：倒箭花、细叶子花、中秋花、大叶子花4种。近年由于鲜黄花菜市场行情较好，特早熟四月花和迟熟中秋花等品种的栽培面积呈逐年上升趋势。

（3）基地生产逐步标准化

祁东县全面加强无公害黄花菜产地环境保护和无公害黄花菜生产管理。目前，无公害黄花菜产地认定面积6 000 hm^2，有20%的产品达到A级绿色食

品标准。基地严格按照《黄花菜栽培技术规程》(DB43/T197—2003)的标准进行生产。

（4）加工方法逐渐规范

到2013年，祁东县黄花菜加工中太阳能膜焖法占15%左右，蒸汽杀青加工法占10%左右，传统蒸制加工法占20%，植物源保鲜加工占5%左右，鲜销占1%左右，半数以上仍采用焦亚硫酸钠加工黄花菜。

（二）其他区域黄花菜产业发展现状

1. 大荔县黄花菜产区

陕西省大荔县位于渭南东部，东临黄河，黄花菜主要产于沙苑一带，这里土质肥沃松软，排水性能好，极宜黄花菜生长。近年来，大荔县委县政府积极引导农民发展壮大黄花菜种植这一特色产业，大荔黄花菜栽培面积已达3 400 hm^2，总产量1万t，产值超过2亿元，为陕西第一生产大县。大荔黄花菜针长、色佳、肉厚、味香、营养丰富，配以荤菜香而不腻。

2. 闽南黄花菜产区

闽南地区地处福建省南部，属亚热带季风性湿润气候，年平均温度20℃、降雨量1 000～1 700 mm、日照时数2 000～2 300 h，无霜期330天以上，非常适合黄花菜的生长。闽南地区是福建省黄花菜传统种植地区之一，黄花菜种植面积约1 300 hm^2，占全省种植面积的70%以上，种植区域主要分布在泉州市的德化县和永春县、漳州市的长泰县和华安县等地。其中，德化县黄花菜种植面积最大（约666 hm^2），种植区域相对集中，已形成一定的种植规模。德化黄花菜2011年经农业部农产品质量安全中心审查和组织专家评审，符合登记保护条件，成功通过国家农产品地理标志登记。德化黄花菜注册的“十八格”为福建省著名商标，其产品被认定为无公害农产品。永春县、长泰县和华安县等地的黄花菜种植则相对分散，规模较小，但因气候优势，仍具有较大的发展潜力。

3. 渠县黄花菜产区

2014年底，渠县种植黄花菜5 700 hm^2，年产干花1.3万t，产值5.2亿元。渠县黄花菜主导品种有金针早、渠县花、猛子花、冲里花等，主要分布在望江、清溪、屏西等20个乡镇。近年来，在渠县省级新农村建设示范片的望江乡、清溪场镇、屏西乡、射洪乡、青龙乡、有庆镇、中滩乡、渠南乡等8个乡镇24个村建设黄花菜核心示范片2 300 hm^2，其中“望江—青龙”万亩黄花菜基地和“清溪—射洪”万亩黄花菜基地先后被认定为四川省现代农业万亩示范区。以清溪、望江、屏西为核心的“西部黄花菜产业带”已逐渐形成。

4. 淮阳黄花菜产区

淮阳黄花菜之所以名贵，主要是菜蕾肥大，菜条丰润，每根鲜菜条平均重达4.4 g，干菜条达0.5～0.6 g。馏晒后色泽金黄，糖分多，油分大，干而不碎，富有弹性，味鲜纯美，营养丰富，别具风味。淮阳黄花菜之所以风味独特，得益于得天独厚的自然条件、土质条件和栽培条件。品质特有，为其他产区所不及，在国内、国际市场上，具有很强的竞争力。淮阳的黄花菜有七个花蕊，在全国是独一无二的，即便从淮阳移植到其他地方，也再长不出七蕊。这样的特性与淮阳县独有的气候，水质，土质有着密不可分的关系。

5. 邵东黄花菜产区

湖南省邵东县素有“黄花之乡”的美誉。邵东地处湖南中部，属亚热带地区，气候温和、雨量充沛，光照和土壤条件很适宜黄花的生长。据清代嘉庆年间《县志》记载，早在170多年前，这里就大面积种植黄花。邵东出产的黄花菜，被列为全国八大名贵蔬菜之一，经中国医学科学院检测，邵东黄花中白蛋白、脂肪、碳水化合物、钙、磷、铁、胡萝卜素、核黄素的含量，都高于番茄等常见的蔬菜。2002年，邵东县种植黄花菜6.2万亩，总产6 500 t，总产值达6 500多元。

三、我国黄花菜产业发展存在的问题

（一）产业化程度不高

目前，我国黄花菜生产多以家庭承包经营的形式为主，种植分散，规模化和产业化水平不高。除湖南祁东、山西大同、陕西大荔和甘肃庆阳等主要产区大面积集中种植以外，其他地区种植规模小，加工能力弱。在栽培方式上，以农户为主的零星栽培方式加大了生产管理难度，不利于旱作技术、标准化生产技术的推广。采摘方法至今仍沿用传统的手工采摘法，导致效率低下，增加了大量劳动力，占用了农户大量的时间。加工技术相对落后，脱水干制依然是最主要的加工方法。分散种植，既制约了新技术新设施的推广和应用，也不利于资源的充分利用；加之经营方式较为粗放，行业自我管理能力薄弱，缺乏统一的技术标准和产品质量检测，不利于质量管控，严重制约了黄花菜产业的发展。

（二）缺乏相应标准

我国黄花菜的生产和初加工主要由农户分散经营，缺乏统一、规范的生产、加工技术标准。首先表现为黄花菜栽培技术不规范，施肥、病虫害防治等田间管理措施不到位，很难进行标准化生产，从而影响了黄花菜产量和品质的提高。其次表现为加工技术不规范，黄花菜在常温下的耐贮藏性较差，一般采后2天全部开花，第4天开始腐烂，因此，黄花菜采摘后的加工至为重要。脱水干制是黄花菜加工最传统的方法。为了防止酶促褐变，确保制品有良好的色泽，黄花菜采收后一般要先进行热烫处理，但普通农户在处理时很难做到规范处理。如在采用脱水保鲜加工方法时，有的农户超量添加焦亚硫酸钠，影响产品质量，甚至引发中毒事故。

（三）生产体系不完善

黄花菜生产的安全监控、检测、溯源体系不完善。散户种植的生产方式导致无法对产品进行监控，由于质量不过关，黄花菜食品安全事件时有发生。黄花菜的产品加工方法不同、在产品安全检测过程中执法难度也较大，也会导致食品安全隐患。

（四）深加工能力不足

我国黄花菜的加工仍停留在简单、初级的水平上，产品深加工能力不足，加工产品仍以传统的制干为主，设备简陋，生产机械化、自动化程度低，工艺落后，产品附加值非常低。很难适应激烈的市场竞争，加工工艺亟待改进。

（五）品牌效益不高

我国黄花菜产业发展中，除部分龙头企业已经创立自己的品牌外，其他农户基本都是简单加工后直接卖给小商贩，由小商贩无包装或简单包装后直接推向市场，无商标无品牌，市场知名度低，产品附加值不高。

此外，我国部分地区在黄花菜品牌宣传方面力度不够，知识产权保护意识不强，导致很多优质黄花菜未卖出应有的价格，反而让一些不法商贩混淆视听，打着部分品牌标识销售。这既不利于品牌的保护，也不利于区域黄花菜产业的可持续发展。

四、我国黄花菜产业发展对策建议

（一）推进规模化、专业化生产

建立黄花菜良种繁育基地，把优化品种布局作为提高黄花菜产业效益的重要措施来抓，对不同类、不同品种的黄花菜应重点抓好规模化和专业化生产。各地可根据当地的资源优势，逐步形成“一乡一品”规模化经营的新格局，培育拳头产品，突出区域特色，加强黄花菜标准化生产基地建设。在种植方式上可采用交替种植，最大程度利用土地资源。同时，建立绿色黄花菜标准体系，提高生产水平。

（二）完善质量监控体系建设

逐步推行“产地与销地”“市场与基地”“加工与生产”的对接与互认，在黄花菜生产企业和黄花菜专业合作社中建立完善的黄花菜全程质量追溯信息采集系统，逐步形成生产有档案、产地有准出制度、销地有准入制度、产品有标识和身份证明的全流程质量追溯体系。

规范黄花菜质量监测工作，进一步加强基地源头质量安全监控机构建设和重点集镇质量安全检测站建设，始终把黄花菜质量安全监控作为民生工程来抓，建立和完善黄花菜质量监控工作制度。重点抓好基地农业投入品使用监管制度、产品质量认证制度与市场准入制度等制度的完善；在黄花菜加工添加剂的使用上加大查处力度，积极发展绿色黄花菜产业。

（三）提高产业组织化程度

具体来讲就是提高农户的组织化程度，这是解决小农户与大市场矛盾的基本途径。通过一定的组织形式把分散的农户联合起来，形成与外力抗衡的合力机制，提高农户抗御市场风险的能力。如按照“企业+基地+农户”的产业模式，建设稳定的黄花菜供应基地，建立稳定的供销关系；大力培育龙头企业，增强产业发展后劲。

（四）提升加工技术水平

加工企业应全面拉长产业链条，不断推进企业技术改造，全面提升黄花菜产品质量。重点做好黄花菜的加工、包装和销售等环节的技术攻关，不断提升黄花菜加工技术水平，发展壮大黄花菜加工龙头企业，促进产业升级。

（五）加强宣传和培训

政府应大力加强黄花菜产业的培育，加大宣传力度，利用广播、电视、报刊、网站等新闻媒体，宣传发展黄花菜产业的重要性、必要性和发展前景，调动农户种植的积极性和主动性。政府有关部门要加强科技推广和培训力度，特别要加强田间管理、科学施肥、病虫害防治、水分管理和加工技术等关键环节的培训，使农户实现科学管理、科学生产，增加经济收入。

（六）推广标准化栽培技术

相关部门要运用现代科学技术选育新的黄花菜优良品种，摸索黄花菜优质高产栽培技术，推广标准化栽培技术。先进的生产技术只有依托优质的生产基地才可以充分发挥其优势。因此，各级政府要通过资金扶持、政策宣传等方式，积极鼓励有条件的企业和农户开辟集中连片的生产基地，扩大种植面积，以利于标准化栽培技术的推广，节约成本，提高黄花菜的产量和质量。

（七）注重品牌建设

实现黄花菜品牌战略是提高黄花菜产品市场竞争力的根本。政府应加大黄花菜的宣传力度，通过网络平台、广播电视、新闻媒体及新品种展示会等方式强力推介；加强知识产权保护，利用法律手段打击破坏当地黄花菜声誉的不法行为；组织农民参加电子商务培训，利用互联网卖黄花菜、宣传黄花菜。同时引导当地农户清楚认识自己产品的价值，认识品牌的价值，把好质量关，打好品牌战。

（八）开发观光农业

充分发挥观光农业的优势，进一步提升黄花菜产业的价值，有效增加农民收益。做好区域农家乐精品旅游项目的开发和设计。如利用黄花菜开花期花冠与花蕾在视觉上的差异，可在菜田中刻画出硕大的图纹和艺术字。组织市民和游客在黄花菜丰收的季节来菜园亲手采摘，既能让消费者观赏美景，又能亲身体验动手采摘和加工的乐趣，还可将菜田作为青少年科普教育基地，广泛宣传黄花菜的历史文化、观赏价值、食用价值、药用美容价值等。

参 考 文 献

［1］ 常二强．“七须”黄花菜的营养价值与种植前景［J］．中国果菜，2017，37（10）：42–44.

［2］ 傅茂润，茅林春．黄花菜的保健功效及化学成分研究进展［J］．食品与发酵工业，2006，32（10）：108–112.

［3］ 韩志平，张春业，马樱芳，等．黄花菜采后生理与贮藏保鲜技术研究进展［J］．山西农业科学，2013，41（1）：103–106.

［4］ 戢得蓉，杨芳，杨雯珺，等．黄花菜贮藏及深加工技术研究进展［J］．食品与发酵科技，2016，52（2）：48–51.

［5］ 李黎霞．大同市玉米与黄花菜种植现状及发展前景分析［J］．山西农业科学，2010，38（9）：9–10.

［6］ 许国宁，张卫明，孙晓明，等．黄花菜的采后生理与保鲜技术研究进展［J］．中国野生植物资源，2011，30（3）：9–13.

［7］ 许国宁，张卫明，吴素玲，等．不同的贮藏方式对黄花菜品质的影响［J］．中国野生植物资源，2012，31（3）：13–16.

［8］ 杨富民，张丽，严晓娟．干制黄花菜工业化生产工艺技术［J］．农业工程学报，2008，24（11）：264–267.

［9］ 张天伦，何莉，石娜．黄花菜在环境绿化中的应用及前景分析［J］．农技服务，2008，25（10）：124–125.

［10］ 张西露，粟建文，叶英林．祁东县黄花菜产业发展现状及对策分析［J］．湖南

农业科学，2013（15）：148–151.
[11] 张秀丽. 宁夏红寺堡区黄花菜高产栽培技术要点［J］. 宁夏农林科技，2017，58（8）：17–18.
[12] 朱旭，孙静，张传瑜. 山西省大同县黄花菜产业现状存在问题及对策［J］. 农业与技术，2016，36（15）：146–148.

第三章

Chapter 3

黄花菜的生物学特性

一、生长环境特征

黄花菜是多年生宿根植物，植株生长旺盛，分蘖性强，根系发达，对环境的适应性强，有较强的耐旱、耐瘠、耐盐碱能力，种植10～20年不需要换苗，每年都会分蘖繁殖，10年以上发现逐年减产还可以分蘖移植自行扩大种植面积。

（一）对土壤条件的需求

黄花菜对种植土壤的理化特性和营养水平要求不高，能够适应pH 5.0～8.6的微酸或微碱性土壤。海拔1 500 m以下，降水量500～1 300 mm的山坡或平原地区均可栽培。一般来说，土壤有机质含量高、土层深厚、水源好、地下水位低的壤土及黏土最适宜其生长。

黄花菜在盐碱地也可生长。黄花菜根系粗壮，分布深广，耕层内的大量根群可抑制土壤盐分上升，减轻盐碱危害。但幼苗由于根系较浅，比成苗易受盐碱危害。黄花菜的耐盐能力甚至远高于禾谷类作物中公认的耐盐性较强的高粱。研究表明，在土壤全盐含量大于0.3%的处理组中，黄花菜植株相对高度均比高粱高30%以上；土壤中全盐含量达0.6%时，高粱基本不能出苗，而黄花菜仍有近100%的成活率。

黄花菜在盐碱地表现

黏土地种植黄花菜，造成叶片失绿

（二）对温度条件的需求

黄花菜在生长过程中对温度要求不严苛，一般生长温度范围为5～34℃，20～25℃温度条件下最适宜——该温度下黄花菜根芽分生组织活跃，终年都可长芽。黄花菜的地上部分不耐寒，地下部分耐寒性较强，在气温下降至-49℃的地区仍可安全越冬；早春当平均温度达5℃以上时，开始萌芽出土。叶丛生长的适宜温度是15～20℃。抽薹开花期最适温度为20～25℃。较高的温度和较大的昼夜温差能够促进花蕾的形成和营养物质的累积。

冻灾造成危害

（三）对水分条件的需求

黄花菜属耐旱植物。黄花菜的肉质根既能贮藏营养又能蓄积水分，只要生长期间稍有降水，就能积蓄大量水分供其生长发育。地上部分保水性较强，特别是叶子狭长、角质层厚的类型，蒸腾作用较少，比叶片宽大、角质层薄的红色花种耐旱力更强，该品种在较难灌溉的山坡也能生长。抽薹期是黄花菜大量需水的临界期，花薹抽薹前需水较少，开始抽薹后需水渐大；开花期，尤其是盛花期需水最多，灌水量应该加大，此时缺水易使幼蕾萎缩、变黄、脱落，甚至导致叶片枯黄。黄花菜忌连阴雨，怕涝，遇到这种天气情况应开沟排水，避免烂根。

干旱造成叶片枯死，落花严重

黄花菜的漫灌、滴灌、喷灌

（四）对光照条件的需求

黄花菜喜光耐荫。充足的光照能提高黄花菜的光合作用，有利于营养物质的积累，从而获得高品质和高产量。黄花菜对光照强度变化的适应性强，在树林中半阴处也能够生长，但产量会受影响。

黄花菜冻灾

二、植物学特征

黄花菜的根生在茎节上，植株在抽薹前只具有短缩的盘状茎，下面着生肥大的主根，上部密生叶丛，似根出叶，主根上轮状排列侧根，呈纺锤形与粗铁丝状，其上着生许多细侧根，根茎每年着生一节，层层向上生长，同时向下根系逐年腐烂，根的寿命约5年。根茎主要分布在0～60 cm土层，根幅可达70 cm左右。从外形看，黄花菜的根大体可分为纤根、条状肉质根和块根3类，其特点和功能如下表所示。

黄花菜不同根特点与功能

种类	特点	功能
纤根	细而长，分枝也多，大都着生在冬苗上	吸收养分和水分
条状肉质根	比纤根粗，呈直条形，新生为白色，老熟后为肉红色，呈半透明水浸状	贮藏养分和水分
块根	纺锤形的肉质根，当老根密集或土壤板结、通气性差时发生	

黄花菜的株丛较大，株幅60～90 cm，高60～80 cm。茎短缩，叶片呈带状，基生，排成两列，长40～130 cm。叶背面主脉凸起，横断面呈“V”形。颜色为深绿色至淡绿色，少数为蓝绿色。各叶按1/2叶序着生于短缩茎上。叶鞘相互包被成横断面略呈椭圆形的片状假茎。一个分蘖有14～20个叶片，每片叶子的叶腋中都有腋芽。花葶于5～6月间由叶丛中央抽出，高1～1.3 m，花葶上部分生4～7个侧花枝，侧花枝上又分出小侧枝，花蕾着生于侧枝上。

黄花菜的花序为无限花序，每个花葶上能陆续形成20～120个花蕾，花蕾为黄绿色，表面有蜜腺。花蕾的多少与品种和栽培技术等有关。花梗的粗细及结构与采收难易程度有关，凡花梗粗壮，花与花蕾连接处凹陷不明显的，较难采收，反之，则易采收。

黄花菜的果实为蒴果，长约2 cm，粗1～2 cm，呈钝三棱状椭圆形或倒卵形，表面具皱纹。初期为绿色，少数品种具紫红色斑点，成熟后呈黑褐色。每果有种子10余粒，多者达32粒。

黄花菜的种子为黑色，有光泽，近似三棱形，表面凹凸不平，种皮坚实，吸水力弱，受精不良时，形成只具种皮的空瘪种子，但外形与饱满者无明显差异。种子千粒重27.21～40.37 g。从开花到种子成熟需40～60天，果实成熟后果嘴自行张开，爆裂出种子。种子无休眠期，成熟后就具发芽力，吸湿后，30～35℃的条件下3天左右即可发芽。

三、生育期特征

黄花菜在一年中任何季节栽植都能成活，但一般在秋季或翌年春季定植。秋天定植的黄花菜第2年就可采摘；春季定植的黄花菜当年秋季进入采摘期，但花蕾数量不多。黄花菜在定植后第3年进入盛产期，定植一次能连续采收10年以上。

黄花菜的主要生长阶段分为苗期、抽薹期、花蕾期和秋冬期等。无论春季定植还是秋季定植，对黄花菜的生长阶段都没有影响。3～5月为苗期，5～6月为抽薹期，6～9月为花蕾期。黄花菜在1年中生长发育的过程可分为5个时期。

（一）春苗生长期

春苗生长期指幼苗萌发出土到花薹开始显露前这段时间。一般当月平均温度达5℃以上时，幼叶开始出土，随着温度的升高，叶片迅速生长，其最适生长温度为15～20℃。

黄花菜萌芽后到抽薹前，叶片迅速生长，尤以3～5月生长最快，5月底至6月下旬抽薹后，同化物质大多供给花薹生长，叶片数目及大小增长缓慢。春季每个分蘖抽生的叶片数目为16～20片，随品种、土壤、气候及肥水管理而异。叶片少的，如重阳花、白花仅约15片，多的如茄子花可达22片。

不同品种，苗期天数和活动积温不同，四月花与荆州花的苗期在40天以上，活动积温4 500℃以上；马莲黄花菜苗期长达71～73天，活动积温需550℃以上。春苗是黄花菜营养生长的盛期，为当年开花制造营养，关系到当年的产量，所以开春后早追肥、灌水，促进春苗早发旺长，是增加当年产量的关键所在。

（二）抽薹现蕾期

抽薹现蕾期一般指花薹露出心叶到花蕾开始采收这段时间，持续1个月左右。花薹通常于5月中下旬开始抽生，花薹初抽生时先端由苞片包裹着，呈笔状，渐长后发生分枝并露出花蕾。从出现花薹到开始开花，约需25天。在每个花薹上用肉眼能看到的花蕾数，开始很少，仅3～5个，后逐渐增多，到开始开花时花蕾数可达58个以上，这时花薹先端还在不断地分化小花蕾。

黄花菜抽薹现蕾期对水分很敏感，缺水时抽薹延迟，花葶少而细，有的不抽薹，同时花蕾也小，并大量脱落。所以5月上旬充足灌水，使根层土壤全部湿润，对促进花薹发生有重要作用。

黄花菜初花期

（三）开花期

开花期指黄花菜从开始采收到结束所需的时间，依不同品种和管理情况，变动在30～60天。一般早熟种与晚熟种时间短，中熟种时间长，肥水条件好的，花期可以延长。采收期间，花芽还在不断地分化和发育。开花期的长短直接关系到产量的高低，所以仍需及时灌水、追肥。

一个长约2 cm的花蕾，距离开花的时间需7～8天。初期花蕾生长很慢，开始3～4天，每天伸长0.1～0.5 cm，开花前3～4天，生长迅速，每天伸长2 cm左右，故严格掌握采收期，做到适时采收十分重要。采收最好是在花蕾裂嘴前2 h左右进行，此时花蕾已充分肥大，呈黄绿色，花被上纵沟明显，这时采收能保证产量高，品质好。

黄花菜盛花期

（四）冬苗生长期

抽出花薹后，花薹下部的腋芽陆续萌发生苗，此时期被称为冬苗生长期。冬苗的旺盛生长是在花蕾采收完毕后，特别是当春苗提早枯萎或受到机械损伤后，冬苗极易大量萌发。一般认为，春苗生长的好坏直接关系到当年的产量，而冬苗主要将光合作用制造的有机物贮积于根和短缩茎内，供来年发苗生长。所以冬苗生长的好坏，主要影响翌年的产量。

（五）休眠期

霜降后植株的地上部枯死，植株进入休眠期。休眠期应注意在地面壅土

（培蔸），防止短缩茎露出地面；同时做好冬灌，为翌年春苗早发快长奠定基础。

四、干物质累积规律和养分吸收累积特征

（一）干物质累积规律

在黄花菜春苗期，纤细根吸收氮素的强度最高，随着生长逐渐减弱。营养贮备期，植株根系活动旺盛，需氮量大，纤细根吸氮强度增加，一部分贮藏在肉质根中，冬季达到最高水平。春苗期中根系氨基酸含量较稳定，为全年最低，薹期后，氨基酸含量上升幅度较大，蕾期又有所下降，营养贮备期含量逐渐上升至全年最高水平。

初霜来临时，地上部停止生长，肉质根中可溶性糖含量达全年最高水平。萌发春苗所消耗的碳素营养主要以贮藏蔗糖的形式进行补充，贮藏的蔗糖越多，则越利于根系安全越冬和春苗萌发。

黄花菜的苗数在冬末春初即已发完，以后很少再发新苗。黄花菜的苗数在一定程度上决定了黄花菜的生物产量和花蕾产量。一般来说，苗数越多，总抽薹数就越多，其生物产量和花蕾产量越高。

同一品种不同发育阶段相比，均以花蕾期的生物产量最高，占生物总产量的50%左右，明显大于苗期和抽薹期的生物产量。苗期和抽薹期的生物产量相差不大，占全生育期生物产量的20%～30%。

（二）养分吸收累积特征

黄花菜自2月中旬陆续出苗后，到花薹抽生前的这一阶段供应的营养，主要用于出苗、长叶，促进叶片的早生快发，使叶片生长健壮，为花薹与花蕾分化的数量和质量打下基础。经过旺盛的营养阶段后，植株进入花薹分化期，由营养生长进入生殖生长。此时植株要迅速抽薹、孕蕾，叶片也在仍在继续增长，因此，从孕薹到抽薹、孕蕾这一段时间是黄花菜一生中需肥最多的一个阶段。

各生育阶段黄花菜地上部N、P、K含量的规律都是：K>N>P，且差异较大，K、N吸收量明显大于P吸收量。花蕾期N、P、K吸收量明显大于苗期和抽薹期，

占全生育期N、P、K总吸收量的50%～80%，苗期和抽薹期N、P、K吸收量相差不大，各占全生育期总吸收量的10%～20%。各品种吸收N、P、K变化规律基本相似：从苗期到抽薹期减少，到花蕾期后增加。

针对具体的矿质元素而言，不同的矿质元素在黄花菜中的累积程度不同。总体来说，黄花菜对K、Ca两种元素有非常强的富集作用；对Mg、Zn、Mn、Cu和Se也有较强的富集作用，而对Ni和Fe的富集作用较弱，对污染元素富集作用很弱，尤其是食用的花蕾甚至基本不富集。黄花菜各器官中以K、Mg、Ca的含量最高，Fe、Mn、Zn的含量次之，Cu、Ni、Se的含量最低。同一元素在黄花菜中的含量又会因品种、产地以及生育期的不同而产生差异。

同一矿质元素在黄花菜不同部位的累积程度也存在差异。花蕾与叶是多种矿质元素主要积累的部位，叶中的K、Mg、Ca、Mn的含量均高于其他部位；花蕾中的Zn、Ni含量明显高于其他部位，同时K、Mg、Mn、Cu也在花蕾中有较大积累；根中的Fe、Cu较其他部位积累更多；Se在黄花菜中含量很少，在各部位中的差异并不明显。

五、繁育方式

黄花菜的繁殖分有性繁殖和无性繁殖，生产实践中常采用无性繁殖的方法繁殖后代植株。农业生产中最常用的繁育方式为分株繁殖、分芽繁殖、种子繁殖、组织培养与花葶扦插育苗等。

（一）分株繁殖

此方法是最常用的繁殖方法。一种是将母株从全部挖出，重新分栽；另一种是由母株从一侧挖出一部分植株做种苗，剩下的让其继续生长。每年的8月中旬至翌年3月中旬进行分株最为适宜。分株时应选择晴天，挖苗和分苗时要尽量少伤根，挖出的根剪去老、弱、病和过多的须根，每株根茎保留2～3层根，边挖边栽，大田种植；田地翻土施入底肥后覆盖细土，根种植不宜过深，定植后浇足水并适当追肥；在适当时间进行培土有利于根系生长。

（二）分芽繁殖

黄花菜的茎节间缩短，呈肉质状，埋于地下，在每个肉质茎上着生许多小的凸起称为隐芽簇，每个隐芽簇含有6个隐芽，交替排列在肉质茎的两侧。隐芽一般不萌发，只有在主侧芽受到损伤时，隐芽才会萌发长出新的个体。分芽繁殖就是根据黄花菜的这一特性，把肉质的根状茎按照隐芽的分布，人工用刀切开，通过培养或种植使隐芽萌发长出新的个体。具体操作方法如下：

1. 良种株选育

选择符合黄花菜优良特征的生长健壮的多年生植株，从栽培地挖出，去除残根枯叶及泥，根据根部的自然分蘖，把短缩茎用手掰成一个个单株。最好在春秋季节进行。

2. 芽块剪取

分横切法和斜切法。横切法是用刀从主芽下边的年痕处把肉质的根状茎横切断，从上往下依次从年痕处或每隔1～2 cm处横切一刀，将肉质的根状茎分成若干段，每段保证具有2～3个芽簇。斜切法是将主芽与侧芽呈一定角度斜切，然后以相反的角度把侧芽切下来。不论采用哪一种方式，所切的芽必须保证有一定数量的肉质根，以便为芽萌发提供充足的营养。

3. 育苗和栽培

所切的芽块可直接栽培于大田，但为保证质量，栽前应先进行育苗：整平苗床后进行开沟，行距20 cm左右，每沟栽一行，株距6 cm左右。切块育苗覆土要浅，最好1～2 cm，以保证良好的透气性，便于芽块快速萌发成植株。栽前掌握好土壤墒情，灌足底水，将育好的苗根系理顺定植，覆土厚3～5 cm，对于已萌发顶芽的芽块，可剪去一部分枝叶，栽植后小水浇足，随后在上面覆盖一层地膜，1个月后及时进行放苗，并加强苗期水肥管理。

（三）种子繁殖

黄花菜属于异花授粉作物，能够自然结果，但它采用爆破弹射的方式释放花粉，因此将花粉散落到花药上的难度相对较大。进行人工授粉能很好地解决这一问题。种子繁殖的具体操作如下：

1. 选择制种的种株

根据优质黄花菜地上部分特性，选择生长健壮、无病虫害、栽植5～8年的黄花菜。初花期每个花葶上留4～6个粗壮花蕾不采摘，让其开花结果留作种子，其余花蕾继续采摘。这样对产量影响较小，且留下的花蕾有充足的养分供应，可使种子发育良好。种子裂开后采摘，晾晒干燥后留种备用。

2. 育苗

黄花菜可在春秋季进行育苗，秋播的当年就能萌发形成种苗，比春播的发棵要快，但苗小，冬季易受冻害，不便管理，因此多采用春播。育苗时整理好苗床后施足底肥，并进行浇水以保证墒情。种子在育苗前先在温水中进行催芽，然后点播于整理好的苗床上，行距15 cm，株距3 cm，然后其上覆土，覆土不易太厚。一周左右出苗，出苗后进行低温炼苗，以提高种苗的抵抗力，及时除草并预防病虫害，以形成壮苗、健苗。

（四）组织培养

组织培养又称立体培养，是指从植物体分离出需要的组织器官，并进行培养使其成为完整植株体的操作过程。由于组织培养法能够快速繁殖植株体，因此对一些繁殖系数低，不能用种子繁殖的植株品种意义重大。在生物技术快速发展的今天，该技术已相当成熟，多数成熟和未成熟的植株都可通过组织培养获得。

黄花菜可利用组织培养的方法进行工厂化种苗繁殖，以茎、花梗、花蕾等为外植体，通过诱导培养、生根培养，培养成完整的植株。组培苗是在无菌、有营养供给、适宜光照和温度、近100%的相对湿度的环境条件下生长的，因此，在生理、形态等方面都与自然条件生长的小苗存在很大差异，所以必须通过炼苗，如控水、减肥、增光、降温等措施，使其在生理、形态、组织上发生相应的变化，逐渐适应外界环境，只有这样才能保证试管苗顺利移栽成功；成功后再进行大田栽培，以获得更高的成活率。

（五）花葶扦插育苗

黄花菜采收后，从花葶中、上部选苞片鲜绿且苞片下生长点明显的花葶，在生长点的上下各留15 cm左右剪下，剪切成30 cm左右的茎段，使其平铺插到土中，两端均入土覆盖，茎段有生长点的部分露出地面。插后及时浇水，1周后即可长根生芽。

参 考 文 献

[1] 曹立耘. 黄花菜不同生育期的施肥方法［J］. 农村百事通，2015（9）：35–35.

[2] 方平. 黄花菜的生长发育特点及施肥技术［J］. 河南农业，2004（1）：14–14.

[3] 李海凤，戴诚，王先芸. 黄花菜种植气象条件分析及灾害防御对策［J］. 现代农业科技，2016（14）：239–239.

[4] 罗志勇，陈淑平，黄晓芳，等. 湖南黄花菜主栽品种的生长发育特性和生物质积累规律［J］. 湖南农业科学，2017（10）：15–17.

[5] 施德云，杨广谊，章锦杨. 黄花菜主栽品种“蟠龙花”生育特征及优质高效栽培技术［J］. 上海农业科技，2005（1）：77–77.

[6] 孙永泰. 黄花菜的繁殖［J］. 农业科技与信息，2004（4）：18–18.

[7] 张谋草，李宗，黄斌，等. 越冬期不同覆盖对土壤水分变化及黄花菜生长和产量的影响［J］. 土壤通报，2007，38（4）：23–26.

[8] 张杨珠，陈涛. 湖南省主要黄花菜品种生长发育和养分吸收规律研究［J］. 作物研究，2008，22（2）：95–100.

[9] 赵晓玲. 陇东旱塬黄花菜抽薹期和结蕾期灌水量的研究［J］. 农技服务，2010，27（1）：23–24.

[10] 周裕荣，曾维萍. 黄花菜根系活力及营养物质的周年变化研究［J］. 西南大学学报（自然科学版），1995（3）：224–227.

第四章
Chapter 4

黄花菜品种及分类

黄花菜属于百合科花卉中品种最多的萱草属，品种较多，种质资源丰富，且经长期栽培，比较容易杂交。目前国外的品种已经达到4万多个。

一、黄花菜主要栽培品种

不同的黄花菜品种具有不同的加工特性、成熟时间及应用价值。据《中国植物志》记载，萱草属约有14个品种，我国就有11个品种。我国主要的栽培品种有黄花菜、北黄花菜、小黄花菜和萱草等。

（一）黄花菜

黄花菜又称金针菜、柠檬萱草。植株一般较高大，根近肉质，中下部常有纺锤状膨大。叶7～20片，长50～130 cm，宽6～25 mm。花葶长短不一，一般稍长于叶，下部三棱形，上部略呈圆柱形，有分枝。苞片披针形，花葶下部可达3～10 cm，自下向上渐短，宽3～6 mm。花梗较短，通常不到1 cm。花多朵，最多可达100朵以上。花被淡黄色，有时在花蕾顶端带黑紫色，花被筒长3～5 cm，花被裂片长7～12 cm，内三片宽2～3 cm。蒴果钝三棱状椭圆形，长3～5 cm。种子20多个，黑色，有棱，从开花至种子成熟需40～60天。此种类的花都是在下午2～8时开放，次日11时以前凋谢，2～3天脱落。此种类产于秦岭以南各省区（包括甘肃和陕西的南部）以及河北、山西和山东，生于海拔2 000 m以下的山坡、山谷、荒地或林缘。

（二）北黄花菜

根大小变化较大，但一般稍肉质，多为绳索状，粗2～4 mm。叶长20～70 cm，宽3～12 mm。花葶长于或稍短于叶。花序分枝，常为假二歧状的总状花序或圆锥花序，具4个以上花朵。苞片披针形，花序基部可长达3～6 cm，上部长0.5～3 cm，宽3～5 cm。花梗明显，长短不一，一般长1～2 cm。花被淡黄色，花被筒一般长1.5～2.5 cm，花被裂片长5～7 cm，内三片宽约1.5 cm。蒴果椭圆形，长约2 cm，宽约1.5 cm。花果期为6～9月。本种和黄花菜很相近，区别是花被筒较短，产自黑龙江（东部）、辽宁、河北、山东（泰山、崂山）、江苏（连云港）、山西、陕西和甘肃南部等地，生于海拔500～2 300 m的草甸、湿草地、荒山或灌丛下。

（三）小黄花菜

根一般较细，绳索状，粗1.5～3 mm，不膨大。叶长20～60 cm，宽3～14 mm。花葶稍短于叶或近等长，顶端具1～2花，少数具3花。花梗短，苞片近披针形，长8～25 mm，宽3～5 mm。花被淡黄色，花被筒长1～2.5 cm，花被裂片长4.5～6 cm，内三片宽1.5～2.3 cm。蒴果椭圆形或矩圆形，长2～2.5 cm，宽1.2～2 cm。花果期5—9月。本种产自黑龙江、吉林、辽宁、内蒙古（东部）、河北、山西、山东、陕西和甘肃东部等地，生于海拔2 300 m以下的草地、山坡或林下。

（四）萱草

萱草别名鹿葱、川草花、忘郁草等。根近肉质，中下部有纺锤状膨大，叶一般较宽。花早上开，晚上凋谢，橘黄色。花被筒长2～3 cm，内花被裂片宽2～3 cm。萱草在我国有悠久的栽培历史，由于长期栽培变异很大，类型较多。

我国萱草属植物主要分布区域

种名	分布区域
萱草	各地均有
北萱草	河北、山西、河南北部、甘肃南部
小萱草	吉林
矮萱草	黑龙江、吉林、辽宁
大苞萱草	河南、湖北
多花萱草	云南西北部、四川西南部
西南萱草	云南中部和西北部、四川西部
折叶萱草	秦岭以南、河北、山西、山东
黄花菜	新疆西部、西藏西南部
小黄花菜	黑龙江、吉林、辽宁、内蒙古、河北、山西、山东、陕西、甘肃
北黄花菜	黑龙江、辽宁、河北、山东、江苏、山西、陕西

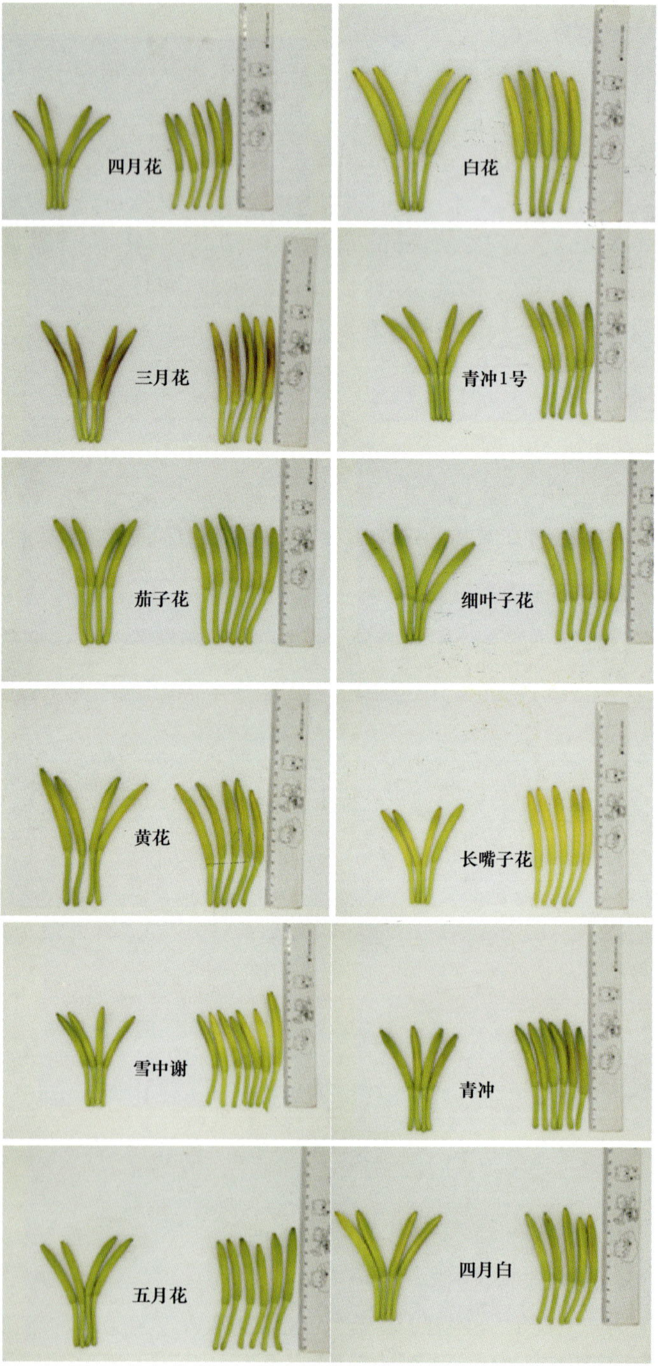
四月花
白花
三月花
青冲1号
茄子花
细叶子花
黄花
长嘴子花
雪中谢
青冲
五月花
四月白

金针菜熟性

品种	熟性	品种	熟性	品种	熟性
大同花	早	大乌嘴	中	白花	晚
徐州黄花	早	秋八尺	中	黄花	晚
徐州红花	早	大五叉	中	沙苑花	晚
三月花	早	青冲	中	长嘴子花	晚
猛子花	早	小黄棵	中	小黄壳	晚
五月花	早	青冲 1 号	中	雪不谢	晚
四月花	早	荆州花	中	细叶子花	晚
黄冲 4 号	早	冲里花	中	茄子花	晚
小黄壳	早	睢宁引	中	东北野生种	晚

黄花菜种植

黄花菜复合种植

金针菜花蕾外观指标

品种	花蕾重 /g	花蕾长 /cm	花蒂长 /cm	花蕾粗 /cm	花蕾数
白花	2.68	10.1	3.8	0.65	35
黄花	2.09	10.8	3.4	0.7	36
长嘴子花	3.34	13.5	4.3	0.9	56
小黄壳	2.58	10.5	3.5	0.8	37
细叶子花	2.81	11.3	3.8	0.9	39
茄子花	2.76	11.5	4.5	0.7	88
茶子花	2.57	11.5	4.1	0.8	43
四月白	2.29	11.7	4.5	0.8	42
雪中谢	2.27	10.2	3.8	0.8	43
猛子花	2.49	11.3	4.2	0.7	36
冲里花	2.59	10.1	3.8	0.8	46
小五叉	2.78	10.2	3.9	0.7	39
大五叉	2.91	10.3	4.1	0.8	43
大乌嘴	3.44	11.8	4.3	0.9	45
小黄棵	2.59	10.7	3.5	0.8	33
三月花	3.79	12.9	3.9	0.9	28
青冲 1 号	4.08	13.5	4.4	0.9	41
秋八尺	3.2	11.3	4.0	0.9	43
青冲	3.37	11.6	4.2	0.9	42

黄花菜不同品种的口感和抗

品种	口感	适应性	抗性
白花	+	+	+
黄花	+	+	+
沙苑花	+	+	+

续表

品种	口感	适应性	抗性
长嘴子花	+	++	++
小黄壳	+	+	+
雪不谢	+	+	+
细叶子花	+	++	++
茄子花	++	++	++
东北野生种	+	+	+
茶子花	++	++	++
四月白	++	++	++
雪中谢	+	++	++
新疆引	+	++	++
野生种	+	++	++
荆州花	+	+	+
猛子花	+	+	+
冲里花	++	++	++
睢宁引	+	+	+
新泰晚	++	+	+
小五叉	+	+	+
大五叉	++	++	++
大乌嘴	+++	+++	++
小黄棵	+	++	++
三月花	++	++	++
青冲 1 号	++	++	++
秋八尺	++	++	++
青冲	++	++	++

二、黄花菜品种分类

国内外对黄花菜的研究较多，但是黄花菜在植物学分类上仍然存在一些问题，对其品种的分类尚无定论。山东农业大学草坪研究所制定了黄花菜品种分类五级标准，即按照染色体数目分为二倍体和四倍体；按照株型大小分为大株型、中等株型、小株型；按照绿期长短分为休眠群、常绿群和半常绿群；按照花期早晚分为早期开花和中期开花；按照花部特征分为大型花、小型花和微型花。此外，国内还有一些其他类型的分类方法。

（一）按照植物形态特征分类

民间命名黄花菜很随意且较混乱，同种异名、异种同名问题较多。有人以黄花菜的花蕾、花被、叶片、花葶、根系等植物形态特征和经济性状为主要依据，将黄花菜分为马莲黄花菜、线黄花菜、小花黄花菜、火黄花菜、高葶黄花菜、北黄花菜。

不同种类黄花菜的形态特征和产量

种名	形态特征	产量 / （t/hm^2）	
		平均产量	最高产量
马莲黄花菜	叶形似马莲，根系淡棕红色，花蕾黄色，顶端带有淡褐色，花药金黄色，平均花重 5.7 g	1.8	5.82
线黄花菜	叶片窄细，根系淡棕红色，花蕾黄色，顶端带有淡褐色，花药金黄色，平均花重 5.1 g	1.5	5.22
小花黄花菜	花蕾较小，根系淡棕红色，花蕾黄色，顶端带有淡绿色，花药金黄色，平均花重 2.5 g	1.13	2.25
火黄花菜	叶片基部呈红色，花蕾顶端黑紫色，根系棕色，花蕾黄色，花药紫色，平均花重 5 g	1.12	1.5
高葶黄花菜	花葶高大，根系浅棕色，花蕾黄色，顶端带有淡绿色，花药金黄色，边缘紫色，平均花重 2.5 g	1.05	1.5
北黄花菜	根系绳索状，深棕色，花蕾黄色，顶端带有黑紫色斑点，花药紫色，平均花重 2.2 g	0.53	0.9

（二）按照成熟时间分类

黄花菜按成熟时间可分为早熟、中熟、迟熟3个类型。早熟品种有四月花、早茶山条子花、五月花和清早花等；中熟品种有短箭中期花、高箭中期花、猛子花、白花、黑咀花、茶条子花、杈子花、炮竹花、冲里花、青叶子花、粗箭花、长把花、棒槌花、金钱花和长咀子花等；迟熟品种有细叶子花、中秋花、倒箭花和大叶子花等。

（三）按照加工特性分类

黄花菜按加工特性可分为宜制干菜、宜做鲜菜和宜用原料3类。莉子花、茶子花、猛子花、荆州花和长咀子花等适宜加工成干菜品种，因其花蕾长度中等、色泽金黄、水分含量中等，加工成干菜后，花蕾直而整齐、质厚而软、呈淡黄色、味清香，具有较高的商品价值。大乌嘴、蟠龙花、四月花和白花等适宜做鲜菜品种，因其植物秋水仙碱含量较其他品种低，花蕾大、质地厚，鲜食味甜而香、适口性好。细叶子花、野花、小花等品种因其植物秋水仙碱含量高适宜做提取植物秋水碱原料用品种。

（四）按照颜色分类

黄花菜属于萱草属，拥有丰富的颜色种类，在园艺种植中可以作为观赏性植物。常用的几种观赏品种有半常绿粉红、半常绿小黄花、半常绿白花。

半常绿粉红，花色为粉色，花喉黄绿色，花瓣边缘略皱，瓣上脉络清晰，花径9 cm，花茎高63 cm左右。在长江三角洲地区花期为6月初至6月底，花期持续时间较长，冬季半常绿，生长健壮。

半常绿小黄花，黄色小花花径7 cm，花茎高60 cm左右。晚花期，在长江三角洲地区花期为6月底至7月下旬，此品种较耐热，冬季半常绿，生长健壮。

半常绿白花，白色中花，在光照强烈处几乎为白色，花喉黄绿色。花径12 cm，花茎高60 cm左右。晚花期，在长江三角洲地区花期为6月底至7月下旬，此品种也较耐热，冬季半常绿，生长健壮。

参 考 文 献

[1] 程沛霖，王庆瑞. 甘肃黄花菜品种及其快速繁殖法的研究［J］. 园艺学报，

1985（3）.
［2］ 洪亚辉，张永和，屠波，等. 不同品种的黄花菜鲜干花营养成分比较［J］. 湖南农业大学学报，2003，29（6）：503–505.
［3］ 颉敏昌. 庆阳市黄花菜面积普查及品种资源调查［J］. 现代农业科技，2011（24）：164–164.
［4］ 颉敏昌. 庆阳市黄花菜品种资源及栽培技术［J］. 甘肃农业科技，2012（1）：53–55.
［5］ 刘志敏，胡晓华，赵飞强. 黄花菜品种资源聚类分析初探［J］. 湖南农业大学学报，1989（2）：33–39.
［6］ 王毅民. 我国主要黄花菜品种资源营养成分分析简报［J］. 甘肃农业科技，1997（5）：21–22.
［7］ 向志民，何敏. 我国金针菜品种资源评价［J］. 陕西农业科学，1998（5）：27–28.

第五章
Chapter 5

黄花菜露地栽培技术

一、选种育苗

（一）品种选择

选择具有优质、高产、早熟、肉质厚、抗病虫、抗旱等特性的品种，如百花、猛子花、荆州花、大乌嘴等。一般中熟品种产量较高，早、晚熟品种产量较低。黄花菜的采收时期长，可适当安排早熟与晚熟品种栽种，做到早、中、晚熟品种的合理搭配。

（二）育苗处理

选择长势强、植株健壮、生长多年的老黄花菜作种苗。首先，从母株丛挖出部分或全部根茎，抖去泥土，剪去短缩茎下层的黑蒂，并将肉质根上膨大的纺锤根剪短到5～7 cm，清除朽根。然后，将短缩茎上部的苗叶剪留6～7 cm，并去掉残叶。最后将修剪好的种苗放入50%甲基托布津可湿性粉剂1 000倍液或40%多菌灵悬浮剂800倍液中浸泡10～15 min消毒，捞出晾干后待植。

二、选地与整地施肥

（一）选地

黄花菜有较强的抗逆性，根系发达，耐旱力强，对土壤要求不高，可选择地边、沟坡、路旁的零星耕地或中度以下盐碱地、瘠薄河滩地栽植；但因其喜水喜肥耐盐碱，以土层深厚，土壤肥沃，地势低且排灌方便的沙壤土为最佳。小坡地种植，必须先修梯田后栽植；坡度25°以上的陡地一般不宜种植。

（二）整地

黄花菜的根系为肉质根系，根系发达，入土较深，且黄花菜作为多年生作物，定植后通常可以连续采收15年左右，因此需要有一个肥沃疏松的土壤环境，保证根系的正常生长。通常在定植前的15天左右需对土壤进行深翻，深度一般在30 cm以上，打破犁底层；然后除去杂草、整平耙细、修渠、作畦。

（三）足施基肥

黄花菜作为喜肥多年生作物，定植前要结合整地施足基肥。基肥以有机肥为主，可采用沟施或穴施，施腐熟有机肥4～5 t/亩，尿素25 kg / 亩，过磷酸钙50 kg / 亩。

如果土壤pH较高，还应施入适量的土壤化学改良剂，如石膏、黑矾、普钙等。如果土壤养分状况差，需施入适量的氮、磷、钾速效肥料。地下害虫严重的地块需施辛硫磷等农药。

三、田间栽植

（一）栽植时间

黄花菜除盛苗期和采摘期外，其他时间均可定植。一般以春、秋季栽植为宜。春栽在3月中旬至4月下旬，土层化冻20～30 cm，返青前为宜。秋栽以地上部叶片干枯到大地封冻前为宜，一般在9月下旬或10月上旬进行较好；这一时期地温高、气温低，菜苗处于休眠或半休眠状态，移栽到土中，生根不发芽，可较快地适应异地环境，翌春不再缓苗。秋栽黄花菜，宿根贮存养分较多，植株生长健壮，利于分蘖的形成且成活率高，故秋栽比春栽好。

（二）栽植形式与密度

宽窄行栽植：每畦2～4行，宽行距1.3 m，窄行距0.7 m，每亩留苗3 500～4 000株，栽后踩实，苗子露出地表1 cm，并浇水缓苗。采用宽窄行栽植比单行等行距栽植要好，在栽植后2～3年产菜初期增产16%～30%，经济效益相应提高16%～30%，是重点推广的栽培模式。

单行单株法：株距0.3～0.5 m。每亩留苗4 000株。

单行穴栽法：穴距0.5 m，每穴呈0.2 m边长的等边三角形，每角栽一株，每亩栽1 400穴，亩栽苗4 200株。

单行双株法：株距0.4 m，每穴栽2株，亩栽苗3 500株。

（三）栽植深度

黄花菜的根群是从短缩茎周围生长出来的，发根特点是一年一层，自下而上，发根部位逐年上移。黄花菜栽得深浅与盛产期有密切关系：栽植过浅，分蘖过快，过早出现“毛蔸”外露，盛产年限缩短；栽植过深，盛产期推后。一般栽植深度以12 cm左右为宜。沙壤土可适当深些，黏壤土可适当浅些，总的要求是把苗的短茎顶部栽入土中2～3 cm、露苗4～5 cm高为宜。

（四）栽植方法

移栽时，要使根舒展，周围覆土踏实，并在株丛中间适当添一点土，这样有利于根的发育。秋季栽培，可栽得深些，防止冻害；春季栽培，一般土埋没茎盘上部即可。栽培黄花菜一定要保证土壤潮湿，如土壤干旱要及时浇水。

四、田间管理

（一）定植后幼龄期管理

定植时大小苗分别定植，栽后灌水，2～3天后浅锄一次，填平裂缝，以利缓苗。秋季栽植，翌年早春即可萌发出苗。如果土壤盐碱地下湿，可采用地膜覆盖。出苗后，要及时做好查苗、补苗工作，消除田间杂草。大雨过后，要及时排掉田间积水。土壤封冻前要浇好越冬水。

（二）合理排灌

黄花菜属喜水作物，在生长发育期保持一定的土壤水分有利于作物高产。出苗后抽薹前，第1水必须浇足；抽薹到采摘，每隔1周浇1次水；采收到终花期，保持土壤湿润；采摘结束后浇1水，封冻前进行蓄墒，延长功能叶寿命，为来年丰产积累养分。花期尤其不能缺水，有灌水条件的地方可在花期浇水2～3次。如果缺水严重，黄花菜会表现为花薹细小、落蕾数高、高矮不齐等。干旱高温季节可视土壤墒情适期灌溉，保持土壤湿润。

黄花菜苗不耐涝，多雨季节应及时做好排水，防止渍涝，否则会造成减产，甚至植株死亡。

（三）中耕培土

黄花菜属肉质根，在肥沃疏松的土壤环境中有利于根群的生长发育。中耕具有疏松土壤、增强透性、提温保墒、蓄水保水、消灭杂草、促进植株健壮生长等作用。黄花菜的根系为多年生，每年都会向上簇生生长，为促进根系发育，应结合中耕进行培土，使根系通气性良好，利于根系生长发育。培土要逐年进行，但深度应适当控制。

在黄花菜整个生育期间，一般中耕2～3次即可。初次在幼苗出土期间，春季降水量增多，土壤易板结，杂草易滋生，应趁春苗未出土之前，晴天及时进行中耕，第1次中耕松土时先把冬壅于株丛顶部的“客土”用耙头疏开弄碎，培于株丛周围，以利于春苗萌发出土；同时对行间全面中耕，疏碎耙平土壤，清除杂草。第2次松土在抽薹期，结合培土进行。冬季采收后再中耕一次。黄花菜出苗后，根据幼苗生长情况与土壤板结程度等，可在晴天再进行1～2次中耕，保持土壤疏松，无杂草。

（四）保蕾

黄花菜常因水肥供应不足或不及时而造成落蕾。为防止落蕾，除了要搞好中耕、施肥和适量浇水外，还可在抽薹初期喷施叶面肥进行保蕾。可将1%的2，4–D原液稀释6 000倍全面喷洒植株，或者用30 × 10 mg/kg的“BA”生长激素在第一朵花开放后进行喷洒，以后每隔7～8天喷1次，共喷2～3次。

（五）休眠期管理

1. 割老叶

寒露时，黄花菜叶全部枯黄，要齐地割掉，并烧掉枯草、烂叶，减轻来年病虫危害。黄花菜采摘后，剩下的花薹和叶片相继枯蔫衰老，但仍继续消耗水分和养料，及时割除可使养料集中供给地下根部。

2. 促发冬苗

采摘后，苗叶随即枯死，9月份又从宿根部发出新叶（冬苗），初霜时枯萎。冬苗生长越旺盛，制造和积累的有机养料越多，来年冬苗发得快、出苗壮。割秧后，可每亩施入人粪尿300～400 kg或猪牛粪700～750 kg，利于早生冬苗。

3. 堆蔸

冬苗枯死后，在每穴上随即施入有机肥，称为堆蔸。根系每年从新生的茎节上发生，有逐渐向上生长的趋势。堆蔸可以加深耕作层，保护黄花菜不露蔸。堆蔸以肥沃的塘泥、河泥最好，每穴5 kg左右。新植的黄花菜可不堆蔸。

（六）合理间作

新栽黄花菜前两年苗小、产量低，可在大行间种一些低杆作物，如豆、瓜、薯类等。同时，间作作物应距黄花菜有一定的距离，并分别追肥，以缓和间作作物和黄花菜争水争肥的矛盾。

五、科学施肥

黄花菜是喜肥、耐肥的作物。每产50 kg干菜，需纯氮5.0～6.5 kg，磷3.0～4.0 kg，钾4.0～5.0 kg，氮、磷、钾养分比例为1∶0.6∶0.8。黄花菜需肥量高，所施肥料主要包括早期的基肥、苗肥，中期的抽薹肥及后期的蕾肥，施用时要注意氮、磷、钾全面均衡。由于黄花菜是多年生作物，因此，在施肥时要做到充足基肥，多施有机肥，施好苗肥，适时施用薹肥、蕾肥。抽薹至现蕾期是黄花菜需肥量最大的时期，该时期需肥量占需肥总量的50%左右。

（一）重施基肥

黄花菜的幼芽在开始萌发时环境温度较低，土壤中微生物尚不活跃，可供利用的有效养分较少，而且此时黄花菜的根系吸收能力较弱，吸收的养分不能满足其萌芽长叶的需要。这些因素会导致黄花菜苗小苗弱，难以长出健壮的花茎，因此必须在春季重施基肥。基肥以有机肥为主，可沟施或穴施，每亩施腐熟有机肥2.5～3 t、过磷酸钙50～75 kg、火土灰100～150 kg、饼肥50～75 kg，施后覆盖5～7 cm厚的细土。不可使根系直接接触肥料，以防发生烧根现象。

（二）速施催苗肥

4月上、中旬在施春苗肥前，应将上一年冬季堆篼的土杂肥打碎，培在黄花蔸周围，以利出苗。苗肥一般施在黄花菜开始萌芽时，每亩施尿素15 kg，主要用于促进叶片早生快发，以促苗生长健壮，增强抗病虫害的能力。施催苗肥宜早不宜迟。

（三）巧施薹肥

从孕薹、抽薹至现蕾，是黄花菜生长过程中需肥最多的阶段，此时应施薹肥。施用原则是以速效肥为主，氮、磷、钾配合施用。实验表明，适时施好薹肥，要比未施薹肥的黄花菜提早7～10天抽薹。薹肥一般每亩施尿素15 kg、过磷酸钙15 kg、硫酸钾5 kg。薹肥可分2次施下：第1次于黄花菜叶片8～9叶期施用，第2次于黄花菜叶片18～20叶期施用。

（四）紧施壮蕾肥

抽薹期，黄花菜的花蕾也在孕育生长。若想花蕾健壮多生，减少落蕾，增施肥料可收到显著效果。一般可在6月下旬～7月上旬（早熟品种应适当提前）结合浅中耕，每亩施过磷酸钙7.5 kg、硫酸钾5 kg。在采摘期，每隔7天左右，可叶面喷施0.1%的磷酸二氢钾水溶液1次，每亩喷60～75 kg肥液，对壮蕾和防止脱蕾有明显效果。

（五）施好越冬肥

黄花菜生长期中冬肥最重要，对翌年黄花菜产量影响极大，施冬肥一般在黄花菜地上部分停止生长经霜后凋萎时进行。冬肥以有机肥为主，用量要多（据土壤肥力及肥料种类而定），一般每亩施腐熟猪牛粪1.5～2 t，或人粪尿1 t以上，或饼肥40～60 kg，或优质堆肥2～2.5 t，并配合适量磷肥。条件好的可多种肥料混施，如先施人粪尿、后施猪牛粪等。施肥可于丛距之间或行间距株丛10 cm处，开宽15～20 cm、深15 cm的施肥穴（肥料多的，施肥穴加深放宽）进行深施，施后覆土以提高肥效。

六、病虫害防治

黄花菜的主要虫害有红蜘蛛、蚜虫、蓟马与地下害虫；主要病害有锈病、叶斑病、叶枯病、黄叶病、基腐病、根腐病与枯萎病等。由于黄花菜的食用部位是花蕾和嫩叶，在病虫害防治过程中要禁止使用残留较高的有机氯农药和剧毒农药，在采食嫩叶和采花蕾前10天禁止喷施农药。

（一）虫害防治

1. 红蜘蛛

（1）为害症状

红蜘蛛学名叶螨，细小而形似蜘蛛，主要为害黄花菜叶片，以成、幼虫以及螨群集叶背面，以刺吸式口器吸食植株的汁液。黄花菜被害处呈淡黄色至焦黄色小点，严重时整个叶片呈灰白色，最终枯死。一般每年4—7月均可发生，降雨少、田间干旱时发生较重。

（2）防治方法

① 早春清除田间的枯枝落叶等杂物，消灭越冬的红蜘蛛。

② 在苗期发现红蜘蛛为害时，用20%的双甲脒乳油1 000～2 000倍液，或1.8%阿维菌素2 000倍液，或73%克螨特乳油1 500倍液，或50%辛硫磷乳油2 000倍液，进行茎叶喷雾，施药时间以上午9～10时、下午4～5时效果较好。

黄花菜叶片受红蜘蛛危害

2. 蚜虫

（1）为害症状

在黄花菜生产中，虫害发生最为普遍、危害性最大的是黄花菜蚜虫。黄花菜蚜虫系无翅胎生蚜虫，体长3～5 mm，全身粉白色，卵有米粒大，幼虫体绿色，有足3对，分泌物能引诱蚂蚁，可孤雌生殖，繁殖速度快——在20～25℃条件下，4～6天可完成1代，1年完成15～25代。一般无越冬现象。该虫在春季黄花菜出苗后迁入，在花蕾期发生最多；一般5月中、下旬群集于叶片背面，6月中、下旬蔓延到薹、花蕾上，以7月为害最严重。黄花菜蚜虫先是群集于叶背，为害叶片，造成叶片失绿和茎杆枯死；后蔓延到花薹、花蕾上，刺吸汁液，严重时花蕾全部被虫体覆盖成白色，使花蕾发育不良、脱落，影响黄花菜的产量与品质。

（2）防治方法

防治黄花菜蚜虫应从嫩茎15～20 cm高时开始注意观察黄花菜植株上是否有白色的蚜虫，及时防治。其防治方法如下：

① 农业防治。加强肥水管理，培育壮苗；铲除田间以及周边杂草，收获后深翻整地，杀死一部分越冬卵。

② 天敌治蚜。充分利用和保护蚜虫的天敌以消灭蚜虫。蚜虫的天敌种类很多，主要分为捕食性和寄生性两类。捕食性的天敌主要有瓢虫、食蚜蝇、草蛉、小花蝽等，寄生性的天敌有蚜茧蜂、蚜小蜂等寄生性昆虫。在生产中应注意对它们保护并加以利用，把蚜虫的种群控制在不足以造成危害的数量之内。

③ 植物源农药防治。植物源农药是指有效成分来源于植物体的农药，属于生物源农药的一大类。植物体产生的多种具有抗虫活性的次生代谢产物，如生物碱类、类黄酮类、蛋白质类、有机酸类和酚类化合物，均具有良好的杀虫活性。如选用10%烟碱乳油500～1 000倍液，或0.5%藜芦碱可溶性液剂200～500倍液，或1%苦参碱可溶性液剂每亩50～120 g喷雾防治。

④ 化学药剂防治。露地栽培应掌握田间蚜虫点片发生阶段，及时施药。药剂可选用50%抗蚜威可湿粉剂2 000～3 000倍液，或20%吡虫啉可溶性液剂每亩5～10 g，或4.5%高效氯氰菊酯乳油每亩14.4～26.4 g，或2.5%高效氯氟氰菊酯乳油每亩15～20 g等喷雾防治，7～10天喷一次，共2～3次；发生危害严重时应5～7天防治一次，连续数次，直到完全控制虫口密度。施药时间以上午6～7时为宜，因此时温度较低，蚜虫活动不太频繁。施药时应注意

着重喷叶片背面、嫩茎等部位，从上至下逐步喷洒。但要注意，在收获前7天应停止用药。

黄花菜叶片受蚜虫危害

3. 蓟马

（1）为害症状

蓟马成虫体微小，深褐色，翅两对，狭长透明，若虫淡灰色。成虫和若虫多集中在叶背面或花苔的舌叶夹缝中，锉吸植株幼嫩组织汁液，为害叶片、舌叶及嫩薹，使植株生长缓慢，节间缩短。嫩叶受害后叶片变薄，叶片中脉两侧出现灰白色或灰褐色条斑，表皮呈灰褐色，变形、卷曲，生长势弱。受害花蕾短小，花梗上有黄褐色锉吸痕迹，严重时花蕾弯曲，失去商品价值。

（2）防治方法

① 农业防治。早春清除田间杂草和残枝落叶，集中烧毁或深埋，消灭越冬成虫和若虫。勤浇水可消灭地下的若虫和蛹，勤除草可减轻为害。

② 物理防治。利用蓟马有趋蓝色的习性，在田间设置蓝色粘虫板诱杀成虫，粘板高度应与作物持平。

③ 化学防治。用药要在早晨露水未干时或傍晚进行，防治药剂可选用10%吡虫啉可湿性粉剂1 500～2 000倍液或5%啶虫脒1 000倍液加2.5%高效氯氟氰菊酯1 500倍液，每亩喷雾药液量不低于30 kg（注意不要用有机磷农药）。

黄花菜花蕾受蓟蚂危害

4. 地下害虫

为害黄花菜的地下害虫有蛴螬和地老虎。发现为害时，可用90%晶体敌百虫800倍液，或50%辛硫磷乳油1 000倍液，浇灌在被害植株周围，或用90%晶体敌百虫0.5 kg兑水10 kg，喷于100 kg切碎的鲜草或菜叶上，傍晚时撒于株间诱杀，第2天早晨在鲜草或菜叶下面捕捉害虫——这种方法对防治地老虎效果较好。

黄花菜根受地下害虫危害

（二）病害防治

1. 锈病

（1）病害特征

黄花菜锈病与小麦的叶锈病症状相似，是由真菌引起的病害。病菌适宜温度为24～28℃，相对湿度为85%以上；主发期在6～7月份，正值黄花菜花蕾采收旺季，如不进行综合防控，不仅影响产量，更关系到黄花菜加工品质。

锈病为害黄花菜的叶片与花茎，初期呈铁锈色泡状斑点，随后破裂，散发黄褐色粉末状孢子。孢子堆排列没有规则，孢子堆周围的叶片往往失绿而呈淡黄色圈。严重时由多个疱斑合成一片，导致叶片表皮发生翻卷，且表面覆满夏孢子，最终使叶片失绿，逐渐干枯、变黄，甚至枯死。锈病有明显的发病中心，先是点片发生，逐步扩散全田。

发病后期，植株上产生黑色长椭圆形线条状的冬孢子堆，受害病株少抽薹或不抽薹，花茎变红褐色，花蕾干瘪，易脱落，严重时会造成全株叶片枯死。此病轻度发生减产10%～20%，中度发生减产30%～40%。

（2）发病因素

① 气候因素。据观测，该病在气温20℃、相对湿度85%左右时发病。平均气温在24～26℃、伴有雨湿时，利于锈病的发生与蔓延。

② 栽培管理。试验显示，偏施氮肥时锈病发病率高，发病早，产量低；氮、磷、钾配方施肥（比例2∶1∶2）时发病率低，发病迟，产量高。

（3）防治方法

① 农业防治。选择猛子花、百花等抗病品种，提高抗病能力；对老苗适时复壮，确保植株生长发育；及时清除病株残叶，增施锰、硼等中微量元素，合理施用氮、磷、钾肥，早松土、勤除草，及时开好排水沟，促进根系生长，培育壮苗。

② 化学防治。在发病初期，可用25%粉锈宁可湿性粉剂500倍液喷雾防治；在发病期间用12.5%病除净（烯唑醇）可湿性粉剂3 000～4 000倍液、20%腈菌唑可湿性粉剂2 000～3 000倍液，或20%三唑酮乳油1 500倍液，或50%多菌灵可湿性粉剂600～800倍液，或75%百菌清可湿性粉剂600倍液，或50%代森锌500～600倍液，或40%稻瘟净600～700倍液，每隔7～10天喷1次，轮换用药，连喷2～3次。对发病中心或辐射区重点喷药，其他区域均

匀喷雾。在采摘前20天停止喷药。

2. 叶斑病

（1）病害特征

叶斑病病原为同色镰孢，属真菌类半知菌。病菌生长适温15～20℃，最高35℃。叶斑病主要为害叶片和花薹。患病时，叶片初生淡黄色小斑，扩大后呈椭圆形大斑，斑缘深褐色，四周具黄色晕圈，中央由黄褐色变成灰白色。湿度大时，病斑上出现淡红色霉状物，即病原的分生孢子梗及分生孢子。花薹染病后，初在花薹上产生很小的褐色小点，后逐渐扩展成中间凹陷的边缘暗褐色纺锤形至椭圆形斑，中间棕褐色。当病斑扩大环花薹一周后，花薹逐渐干缩枯死，有时几个病斑汇合成10 cm左右的凹陷病区，影响花薹生长及花蕾形成或致花薹折断枯死。

黄花菜叶斑病（一）

（2）发病因素

主要以菌丝体或分生孢子在秋苗的枯叶上越冬，翌春条件适宜，孢子萌发，产生芽管，侵染叶片或秋苗，经3天浅育即显症状。显症后7～10天，病部又产生分生孢子，进行再侵染。在黄花菜枯死后，病菌可在枯叶和花薹上越夏，进入秋季侵染秋苗。该病在平均温度17～18℃，相对湿度高于80%或阴雨天后易流行。此外，偏施氮肥、叶片生长柔嫩、土壤黏重、管理粗放时该病发病重。

（3）防治方法

① 农业防治。选用抗病品种，以猛子花系列品种为主栽品种；加强管理，黄花采摘结束后要及时割苗，割下的苗要运出田外集中销毁；采用配方施肥技术，施足有机肥，在春季出苗、抽薹前和采收旺季分别追施苗肥、催薹肥、催蕾肥，每次追肥以速效氮肥为主，氮、磷、钾配合使用；开沟排水，降低地下水位，防止湿害和涝害；适时更新复壮老蔸。

② 化学防治。在发病初期每亩可用70%甲基托布津可湿性粉剂100 g/L，或10%苯醚甲环唑可湿性粉剂20 g，或50%多菌灵可湿性粉剂100 g，兑水喷雾，隔7～10天1次，连喷2～3次；未发病田块可用80%代森锰锌喷雾进行预防。

黄花菜叶斑病（二）

3. 叶枯病

（1）病害特征

种植2年以上的田块发病较为广泛，受害严重的植株整株枯死，影响黄花菜的品质和产量。该病主要针对叶片，最初是叶片上出现褐色小斑点，大多出现在叶尖或叶缘，然后斑点沿叶脉向上、下蔓延，逐渐形成褐色条斑，边缘赤褐色，中央深褐色，上密生小黑点，严重时全叶枯死。该病病菌可以长期存在病残体上，并顺利越冬，易传播，通常发生在4月下旬，5～6月发病较重。

（2）防治方法

可用25%戊唑醇粉剂或50%多菌灵可湿性粉剂600～800倍液等，间隔6～8天喷一次，连喷2次。

黄花菜叶枯病

4. 黄叶病

（1）病害特征

多为生理性病害，表现为叶片黄化失绿，生长发育缓慢。发病原因是多方面的，如施肥不当，浇水过多，土壤板结，耕作不当，伤根严重，地下害虫为害，缺素等。

（2）防治方法

① 农业防治。合理运用水肥，耕作方法要适当，特别是生长发育高峰期应施肥中耕等。农田作业应避免伤根。对于因缺素引起的黄叶病要增加追肥和叶面喷肥，追肥以氮肥、磷钾肥或多元复合肥为主，喷施磷酸二氢钾、铁肥等。

② 化学防治。黄花菜抽薹前，进行一次全面的病虫害检查和防治，喷洒500倍代森锰锌、3 000倍吡虫啉或啶虫脒和有关营养液混合，达到防病治虫、增加营养的效果；地下害虫为害时，灌水前亩撒施1 kg 3%的呋喃丹，虫口密度大时用5%的200倍辛硫磷药液灌根，每穴0.5 kg。

黄花菜黄叶病

5. 基腐病

（1）病害特征

基腐病也叫白绢病，大多发生在离地面较近的黄花菜叶鞘基部，严重时整株或外部叶片基部都会感染。最初出现水渍状的小病斑，呈褐色；随着病情的加重，病斑逐渐扩大，稍有凹陷，且褐色加重并呈湿腐状。随后在患病处会出现绢丝状物，呈白色，不断蔓延，直到整个基部，甚至附近的土壤都出现白色绢丝状霉层。

如果环境潮湿，还会形成菌核。菌核开始呈黄色，然后逐渐加深至褐色，大小和油菜籽差不多。患病的叶片由于被阻断了水分、养分的运输通道，最终变黄枯死，产生的菌丝则由外部叶片蔓延到内部叶片，直至整株枯死。该病病菌可以长期生存在土壤中，然后通过风雨进行传播。

（2）防治方法

① 农业防治。繁殖时不能用有疾病田块的根苗，施用有机肥时，不能用黄花菜叶沤制的堆肥。发病时，在发病中心周围挖深宽各 30 cm 的环形沟，用含生石灰和土（1：3）的混合土填平，进行封锁防止扩散。

② 化学防治。对病穴用 1：1：100 的波尔多液或 500 倍的 70% 甲基托布津杀菌剂灌根，每穴 1 kg 药液，每 7 天灌一次，共灌 3 次；或采用 50% 多菌灵 500～800 倍液或 70% 甲基托布津 800～1 000 倍液，间隔 6～8 天喷 1 次，连

喷3次。

6. 根腐病

（1）病害特征

春天是黄花菜根腐病的高发期，该病病症表现为植株返青晚，叶片细小，根茎发黑，肉质腐烂；初发时点片发生，有明显的发病中心。轻时不抽薹，重时整穴死亡。

（2）防治方法

① 农业防治。繁殖时不能用有疾病田块的根苗，施用有机肥时，不能用黄花菜叶沤制的堆肥。发病时，在发病中心周围挖深宽各30 cm的环形沟，用含生石灰和土（1∶3）的混合土填平，进行封锁防止扩散。

② 化学防治。对病穴用1∶1∶100的波尔多液或500倍的70%甲基托布津杀菌剂灌根，每穴1 kg药液，每7天灌一次，共灌3次。

黄花菜根腐病

7. 枯萎病

（1）病害特征

枯萎病病原为泡状葡柄霉菌，属真菌界半知菌。病菌生长适温为15～

25℃，最高35℃。该病主要为害叶片和花薹。叶片染病多始于叶尖或叶缘，病斑褐色，边缘明显，后期病斑内部呈深褐色，有时多个病斑连成褐色条斑，或从叶尖向下扩展，致局部叶片枯死。花薹染病，多在距地表35 cm处呈水浸状病变，后变褐色至深褐色长圆形或椭圆形斑，呈赤褐色枯死；湿度大时，斑面生黑色霉层，即病菌分生孢子梗和分生孢子。

（2）发病因素

主要以菌丝体在枯死秋苗上越冬，第二年春季条件适宜时产生分生孢子，借风雨传播，孢子萌发产生芽管侵入黄花菜，后又在病斑上产生分生孢子，进行再侵染。温度适宜又遇连阴雨天气时易暴发流行。连作地块或排水不良、叶螨为害猖獗时发病重。

（3）防治方法

① 农业防治。选用抗病品种；合理施用腐熟有机肥，在春季出苗、抽薹前和采收旺季分别追施苗肥、催薹肥，每次追肥以速效氮肥为主，氮、磷、钾配合使用，冬苗枯死后用有机肥堆蔸；开好三沟，雨后及时排水，避免田间积水或湿度过大。

② 化学防治。在发病初期每亩用70%甲基托布津可湿性粉剂100 g，或10%苯醚甲环唑可湿性粉剂20 g，或50%多菌灵可湿性粉剂100 g，或80%代森锰锌可湿性粉剂100 g兑水喷雾，隔7～10天1次，连喷2～3次。

七、黄花菜的采收

黄花菜的采收期一般在30天左右，初期与后期产量较少，中期20天为采收盛期。黄花菜的花蕾生长时间在5月下旬至9月份，不同类型的黄花菜开花时间不同，具体采摘时间应根据不同品种而定。采摘花蕾的时间性很强，以既丰满又未开花时的花蕾质量最好。标准采摘时间是在黄花菜长到充分长度，花蕾饱满，颜色黄绿，花瓣上纵沟明显，看上去快要开出时。如果采摘过早，不仅产量低，且加工后色泽差，影响干制品的外观品质；如果采摘延迟，花蕾开放，加工成的干菜肉薄、条脆易断、色黑、营养价值低，易遭虫蛀。一般在天气正常的情况下，黄花菜凌晨成熟花蕾较多，上午次之，下午较少，应及时分批采摘，分批干制，切莫将不同时间段采摘的黄花菜集中干制。

第六章
Chapter 6

黄花菜设施栽培技术

日光温室和塑料大棚能在局部范围内创造出适宜的气象环境，为黄花菜的生长发育提供良好的条件，因而被广泛应用于黄花菜的育苗、春提前和秋延迟栽培。设施栽培的时间节点往往是露地生产难以实现的，设施栽培黄花菜也因此具有了独特的市场优势。

一、设施黄花菜的特点

（一）上市早、周期长

黄花菜设施栽培技术可以避免低温、高温、暴雨、强光照射等环境对黄花菜生长造成的危害，实现黄花菜的反季节种植，因此，设施黄花菜具有上市时间早、供应时间长的特点。设施栽培的黄花菜与露天栽培的相比，上市期可提早60～80天。

（二）经济效益好

设施栽培的黄花菜上市期早，早期鲜花蕾销价高达16.5元/kg，平均售价比露地栽培黄花菜提高了3～5倍。试验结果表明设施栽培比露地栽培的新鲜黄花菜产量提高8%～12%，每hm^2设施产值平均比露地栽培提高170%，收入可达28万元/hm^2以上，是一项高效益的种植项目。

（三）植株生长优势强

相比同品种露地黄花菜，设施黄花菜植株受外部条件影响小，株型紧凑，适应性强。耐干旱、抗湿、抗病力强，花蕾整齐，肉质厚，品质优。

二、设施黄花菜的生育期

设施黄花菜有7个生育时期，其种植流程一般为3月至4月下旬种植，4月至11月中耕管理，11月下旬至12月上旬搭棚，12月上旬至翌年3月进行大棚中耕管理，4月至6月为采花期，7月至11月进行后期管理。

设施黄花菜生育期

生育期	时间
萌芽期	2月至3月
展叶期	3月至4月
抽薹期	4月至5月
萌蕾开花期	5月至7月上旬
采后枯叶期	7月上旬至8月上旬
秋季展叶期	8月上旬至秋季初霜前
休眠期	无休眠期

三、设施黄花菜品种的选择

选择植株长势强、品质好、产量高、分蘖快、抗逆性强的品种，早熟型如四月花、五月花、清早花、早茶山条子花等；中熟型如矮箭中期花、高箭中期花、猛子花、长咀子花等；晚熟型如倒箭花、细叶子花、中秋花、大叶子花等。

四、设施黄花菜早熟栽培技术

（一）选地和建棚

大棚栽培黄花菜应选择地势高燥、背风向阳、排灌方便、土壤肥沃、通透性好、无地下害虫、周边500 m没有污染源、生态环境优异的田块，为黄花菜优质生产创造良好的生长环境，并按宽6～8 m、长30～40 m建简易竹架大棚或钢架大棚。

（二）整地与起垄

根据大棚黄花菜速生丰产的要求，在宽8 m、长40 m的大棚内，做4畦，每畦宽1.6 m，沟宽0.4 m，沟深0.3 m，每畦栽4行，中间大行距0.7 m，边上小行距0.4 m，蔸距0.25 m，错丛排列，每蔸栽2～3株，每亩栽4 500～5 500蔸，栽种苗0.9万～1.35万株，确保单位面积上有足够的苗数。

（三）移栽与覆膜

移栽前将种苗挖起，把种株短缩茎下层的黑蒂掰掉，剪去肉质根上膨大的纺锤根，余下7～10 cm，并清除朽根，剪去短缩茎上部和叶留8～9 cm，去除全部残叶；将修整好的种株放入50%甲基托布津可湿性粉剂1 000倍水溶液中浸泡或用50%多菌灵可湿性粉剂800倍水溶液浸泡10 min，捞出晾干后待植。栽种时母株从短缩茎切分成若干块，每块1～2个，并附带一些肉质根，把种苗植入穴内，稍盖土后施入少量腐熟厩肥，然后盖土踏实，使芽露出地面。成活后每亩浇处理后的稀人粪尿10～15担或用尿素12～15 kg冲水500～1 600 kg浇施，同时做好除草和防病工作。

现有盖膜试验结果表明，以1月22日和2月2日进行二期盖膜处理增产效益最显著。一般应在“大寒”至“立春”期间覆盖薄膜，并根据天气变化，加强田间管理工作。晴天中午棚内温度达25℃时，及时揭开两头薄膜通风降温，防止伤苗或植株徒长；寒潮来临要加盖地膜或小拱棚增温防冻；受冻僵苗在分蘖至抽薹期间遇到阴、晴交替天气时，要避免大棚内外温差大，更应做好调温控湿工作，掌握白天棚内温度控制在15～20℃，夜间不低于10℃。现蕾开花期间需要较高的温度和较大的昼夜温差，白天棚内温度控制在25～30℃，夜间保持在15～18℃。此时日平均气温也逐渐升高，晴天上午可提前到9时左右揭膜，下午掌握在15时前后关膜，以延长大棚内外气体对流时间。清明以后日平均温度稳定在15℃以上，可在通风炼苗的基础上，适时揭去薄膜，利于黄花菜植株健壮生长，抑制病害发生。

（四）合理施肥

大棚栽植黄花菜除要在移栽前施足基肥外，还应做到“施足冬肥，早施苗肥，适施苔肥，补施蕾肥”，并多施有机肥，增施钾肥，补施微肥。冬肥每hm^2施优质农家肥30 t，菜饼肥1 125 kg，碳铵525 kg，钙镁磷肥525 kg，硼砂、硫酸锌各22.5 kg，于“大寒”至“立春”期间在小行距中间开沟深施，先施有机肥后施化肥，并结合除草复土。3月份大棚黄花菜开始抽薹，每hm^2施尿素375 kg，过磷酸钙225 kg，作为促薹肥。现蕾时每hm^2追施尿素

75 kg，对防止黄花菜脱肥早衰、壮蕾成蕾有明显效果。

（五）田间管理

1. 温度

黄花菜从定植到缓苗生长这段时间对棚温要求较高。白天气温要保持在15～25℃，夜间保持在8℃以上，当中午棚内气温达30℃以上时进行通风降温。从缓苗后到抽薹期，要依据棚内温、湿度适当通风调节温、湿度，白天气温控制在15～20℃，夜间不低于10℃。开花期需要较高的温度和较大的昼夜温差，白天气温宜18℃～28℃，夜间宜12～15℃，中午前后应适当延长通风时间，使棚内最高气温不超过35℃。

2. 水分

黄花菜对土壤水分较为敏感，如苗期田间过湿，则植株根系生长受阻，易发生病害。因此平地及地势低洼的大棚，要保持沟渠畅通，抢晴天中耕松土，排渍降湿，促进根系生长，控制病害发生。抽薹现蕾期植株对土壤水分有较高的要求，如该时期土壤缺水，则表现为抽薹细瘦，花薹参差不齐，花蕾干瘪，落蕾率高，萌蕾力减弱，花蕾明显减少，采收期缩短，对黄花菜产量影响极大。因而大棚黄花菜抽薹期间，要根据天气状况和土壤墒情及时灌水抗旱，确保黄花菜健壮生长、高产稳产。

3. 中耕培土

大棚黄花菜的中耕每年要进行4次。第1次在春季发芽以后进行，结合追肥时疏松土壤、翻埋肥料，促进幼苗的生长；第2次在花薹开始抽出时结合追肥进行；第3次在黄花菜采完以后进行，此次疏松主要是铲除杂草，疏松土壤，接纳雨水；第4次则在割叶后进行，主要是培土，以保证根系能安全越冬。

（六）病虫害防治

大棚黄花菜易发生叶斑病、叶枯病、黄叶病、茎枯病、红腐病等多种病害，主要害虫有黄花菜蚜虫、蓟马、小地老虎等。病虫害防治要以“预防为主，主攻一病，兼治多病”。首先要注意保持棚内清洁，及时清除病株残叶和田间杂草，减少病菌侵染来源；其次是在病害初发阶段选用对症药剂防治，防治方法可参考第五章病虫害防治内容。

（七）采收

大棚黄花菜采收方法同露地黄花菜采收，可参考第五章黄花菜的采收内容。最佳采摘时间为上午7～11时。

（八）后期管理

1. 深翻土壤

大棚黄花菜一般在5月下旬采收结束，此时外界的温度较高、光照强、水分充足，有利于黄花菜地下部分积蓄养分。可把踩实的行间深挖20 cm左右，松土、保墒。黄花菜边缘宜浅挖，避免伤及根系，空地可适当深锄。

2. 施底肥

结合深翻土地增施1次底肥，每hm^2施腐熟农家肥90～120 t或施复合肥2.25 t。施肥后盖3～5 cm厚细土。

3. 适时除去老叶、花秆

9月齐地面将老叶、花秆割掉，集中烧毁，可减少翌年病虫害的发生。

参 考 文 献

[1] 丁新天，朱静坚，丁丽玲，等. 大棚黄花菜生长特点及优质高效栽培技术研究[J]. 中国农学通报，2004，20（1）：83-85.

[2] 胡岳标，胡彩群. 大棚黄花菜高效栽培技术[J]. 丽水农业科技，2002（2）：26-26.

[3] 胡岳标. 设施栽培黄花菜技术要点研究[J]. 中国农业信息，2015（5）.

[4] 苏定昌. 黄花菜大棚优质高效栽培试验[J]. 现代农业科技，2010（17）：110-110.

[5] 孙铁. 黄花菜设施的栽培技术[J]. 农民致富之友，2013（5）：33-33.

[6] 王禾清. 大棚鲜食黄花菜高产栽培技术[J]. 云南农业科技，2013（5）：31-32.

[7] 朱秀苗，赵贤良，潘军，等. 新泰市大棚黄花菜优质高产栽培技术[J]. 现代农业科技，2016（23）：74-75.

第七章
Chapter 7

黄花菜改土套餐施肥技术

一、改土套餐施肥技术概述

（一）改土套餐施肥技术的优势

套餐施肥技术可以为作物生长提供全程技术解决方案和良好的农化服务。黄花菜多种植在盐渍化、荒漠化的地区，土壤养分含量贫乏，水分含量少，保水能力差。因此，应该以改良土壤结构、增加土壤有机组分和促进根部发育提高养分和水分的利用效率为主，选择改土促根的有机功能肥料。具体来说即针对黄花菜生产中存在的问题，在肥料选择与施用过程中，综合考虑生育期养分需求特征与问题原因，科学选配改土基肥、营养追肥与功能追肥，进行全程套餐施肥搭配，实现改土、促根、抗逆和减肥增效。

套餐肥具有节约成本、养分全面、浓度高、增产显著、配方灵活的优点，还可根据作物营养、土壤肥力和产量水平等条件而灵活调整，能够有效弥补一般通用型复合肥因固定养分配比而造成某种养分不足或过剩的缺点。

套餐肥是应时代发展要求而出现的“产品+服务”型服务。肥料行业正从产品型行业向服务型行业转变。在国家大力倡导化肥减施、过渡、创新和复配的形势下，农民需要更有针对性的服务。而当前农户小规模种植现象普遍，过于精细化的配方难以推广，所以套餐施肥便成了服务农户的有效手段。

（二）改土套餐施肥的基本原则

目前国际上普遍认为养分供应符合“5R原则”，即正确的用量、正确的位置、正确的时间、正确的养分补给、正确的产品。在施肥过程中，要综合考虑作物健康、土壤健康、肥料平衡、肥料用量、施用时期及灌溉等多方面条件。

制定改土套餐施肥方案要注意遵循以下几个原则：第一，要解决作物生长障碍问题；第二，根据作物目标产量和土壤养分供应情况，确定养分供应量；第三，明确有机肥和化肥分配比例，采用有机肥时，要考虑有机肥及调理剂中含有的养分，然后再用化肥补充；第四，在水肥一体化技术的肥料搭配中，明确采用大水漫灌及喷灌时应搭配的肥料产品；第五，明确采用穴施、撒施等不同施肥方式时，肥料的施用位置；第六，选择合适的施肥时间，覆膜作物为降低后期追肥成本，可选用缓控释肥。

（三）黄花菜改土套餐施肥的制定流程

套餐施肥方案必须在明确黄花菜需肥总量的情况下，根据黄花菜生长过程中可能出现的土壤障碍问题、作物健康问题，在有针对性地选择功能性肥料产品的基础上进行制定，并结合灌溉、栽培、土壤、气候等因素确保方案的具体化和可操作化。黄花菜改土套餐施肥方案的具体操作流程分为以下几步：

1. 明确拟施套餐肥的黄花菜品种

由于品种的差异，不同品种的黄花菜在各生育期养分吸收量和养分吸收规律都有所不同。设计方案前应查询目标品种黄花菜的干物质累积规律和养分累积特征。

2. 问题调研与对策制定

黄花菜的菜田类型、栽培方式、施肥模式、灌溉方式、土壤质地和养分条件、当地气候以及目标产量都对套餐施肥方案的制定有很大影响，是黄花菜套餐施肥方案制定的重要依据，其中，土壤指标的测定是最重要的依据。制定方案前需要对这些信息进行详细的问卷调查和档案记录。

土壤指标测定时，一般在上茬作物收获拉秧后或翻耕前进行土壤样品的采集，应尽量避开刚施肥的土壤，土壤采样深度一般为0～30 cm，采样前清除地表植物残渣、石块等杂物，然后按照“Z”形进行五点采样，测定有机质、碱解氮、速效钾、速效磷、pH和EC等基本指标。

3. 设计方案

根据土壤指标的测定判定土壤肥力状况和土壤障碍问题，结合其他调研信息，选择肥料产品组合，设计肥料用量和灌溉计划。套餐肥料产品的选择应遵循“大配方小调整”的原则。套餐施肥产品有以下特点：

（1）针对性

针对特定地区黄花菜特定问题提出解决方案，包括改土、防病、抑菌等功能性肥料及土壤改良剂的选择必须具有针对性。

（2）专一性

每一个产品方案应为某个地区、某一季作物条件下的产品组合，而非广谱性方案设计。

（3）功能性

所用推荐产品均应考虑其功能性，做到产品功能到位。

4. 开展套餐肥试验及效果分析

对方案进行试验验证。在套餐施肥肥效试验过程中，应该严格按照套餐施肥方案执行田间管理，并详细记录套餐施肥方案执行过程中的实际生产问题、土壤障碍问题、经济效益问题，同时记录套餐施肥的最终产量和产品品质。

5. 效果反馈及方案修正

根据效果反馈内容，优化套餐方案。一般有两个可优化方向，一是改良土壤，即根据以往经验以及试验过程中发现的主要土壤障碍问题，设计专用配方，制定私人方案，全程呵护土壤健康。二是绿色产品的生产，在土壤改良的前提下，设法降低农药化肥施用量，提高产品安全生产的同时降低投入成本。

二、宁夏中部干旱带黄花菜优质高产套餐施肥技术示范

（一）基本情况调查

基地地点：宁夏中部干旱带高效节水示范试验基地

作物信息：黄花菜，多年生作物

栽培历史：新茬，该地块一直种植玉米

示范面积：40亩

种植密度：3 500株/亩或7 000株/亩

目标产量：250～300 kg/亩或350～400 kg/亩

灌溉方式：滴灌

（二）土壤指标测定与肥力判定

1. 土壤指标（0～30 cm）：pH 8.9～9.1，全盐0.2～0.3 g/kg，有机质1.5～2.0 g/kg，全氮0.16～0.2 g/kg，速效磷2.5～3.5 mg/kg，速效钾75～85 mg/kg。

2. 肥力判别：该土壤呈强碱性、有机质含量极低，土壤氮、磷、钾供应能力极低，土壤呈砂性，易漏水漏肥。

（三）作物数据

根据黄花菜的目标产量和整个生育期的氮、磷、钾养分吸收分配比例和养分吸收总量，考虑到土壤养分供应能力极低等因素，针对示范田黄花菜整个生育期养分推荐数量如下表。

黄花菜养分投入

养分吸收	苗期 /%	抽薹期 /%	花蕾期 /%	推荐养分投入量 /（kg/ 亩）（3500 株）	推荐养分投入量 /（kg/ 亩）（7000 株）
N	20～25	15～20	55～60	23	35
P	16～18	13～15	65～70	15	22
K	12～15	10～12	70～75	20	30

针对当地土壤盐碱化、砂质化进行土壤改良的方案为，在基肥撒施 5 m^2 牛粪基础上，再施用功能土壤改良剂 100 kg，撒施后翻耕。整个生育期追全水溶肥，随水滴灌。

（四）追肥方案

追肥方案见下表。

黄花菜套餐施肥追肥方案

生育期	追肥	用量 L/ 次（3 500 株 /7 000 株）	次数（3 500 株 /7 000 株）
定植前期	追施功能土壤改良剂	100 kg	1
苗期	追施黄花菜苗期专用肥（120–100–100+TE 氨基酸水溶肥）	6/8	3/4
抽薹期	追施黄花菜苗期专用肥（120–100–100+TE 氨基酸水溶肥）	6/8	1/1
抽薹期	追施黄花菜花期专用肥（120–50–190+TE 氨基酸水溶肥）	6/8	2/2
花期	追施黄花菜花期专用肥（120–50–190+TE 氨基酸水溶肥）	6/8	4/5

（五）灌溉方案

灌溉计划可根据当地天气情况而定，推荐量为整个生育期灌溉10～12次水，灌水量12 m^3，苗期灌水7～10天间隔一次，花期5～7天间隔一次，每次滴灌1 h。每次灌水量不应太大，一般能湿透垄背的土壤耕层即可，每次施肥随水施用。

（六）宁夏中部干旱带黄花菜套餐施肥产品组合

在选择套餐肥产品时，针对当地土壤盐碱化、沙漠化的特点，基肥以改土壮苗为目的，选用有机质丰富的土壤调理剂、有机肥、微生物肥料等改土产品，以增强土壤团粒结构和微生物群落结构；追肥以补充充足营养、解决生理障碍为目的，在设施农业条件下，通过水肥一体化等先进手段，在施用营养型肥料的同时施用氨基酸类或腐殖酸类等功能性有机肥料。

1. 功能性土壤改良剂

该产品是一种由氨基酸改良的炭基材料，能够改善土壤团粒结构，有很强的吸附调节能力，能够促进土壤团聚体的形成，增强土壤保水保肥能力，减少养分淋洗损失，提高肥料利用效率。

2. 黄花菜液体专用肥（苗期和花期）

该产品是针对黄花菜生育期特点设计的一款氨基酸专用肥料，符合氨基酸微量元素水溶肥执行标准。肥料选用优质复合氨基酸，富含天然活性增效物质和养分转运因子，能够在作物生育期迅速补充微量元素和氮磷钾元素，改善产品品质，还能够刺激根系生长，提高养分吸收效率，保持土壤湿度，锁住养分。

3. 蚯蚓生物技术套种套养

黄花菜种植套养蚯蚓的方案为：在行间铺规格20 cm × 60 cm的未腐熟牛粪用作蚯蚓床养殖蚯蚓，中间铺设直径50 cm喷水带1条用于日常牛粪洒水，使蚯蚓种苗快速钻入20 cm土层培肥土壤；铺设未腐熟牛粪的蚯蚓床能够有效防止地面水分蒸发，保水效果好。在距黄花菜种植行两侧20 cm处开20 cm深的沟，沟施蚯蚓粪1 000 kg / 亩，提高土壤水分，增加土壤有机质含量，优化土壤理化特性，增强其保水保肥能力。

参 考 文 献

[1] 陈清，何飞飞，张福锁．蔬菜测土施肥技术体系的建立与应用［C］// 首届全国测土配方施肥技术研讨会．2006.

[2] 何绍东．测土配方施肥技术在设施蔬菜生产中的应用［J］．新农业，2013（3）：21–23.

[3] 黄成彬．潍坊市绿色蔬菜生产问题分析与发展对策探讨［D］．山东农业大学，2006.

[4] 李俊良．新施肥理念带动功能水溶肥发展［J］．中国农资，2017（23）：19.

第八章

Chapter 8

黄花菜加工技术

一、保鲜技术

黄花菜采摘多在6～8月高温季节，常温条件下鲜黄花菜花蕾耐贮性较差，用普通薄膜袋包装，第2天全部开花，第4天开始腐烂。因此，掌握黄花菜的保鲜技术对提高其经济效益具有重要意义。常见的黄花菜保鲜技术有气调保藏、冷冻与冷藏、化学保鲜、物理保鲜以及热处理等。

（一）气调保藏

气调保藏是通过对保藏温度、低氧气浓度、高二氧化碳浓度甚至氮气浓度等因素的合理调控，最大限度地抑制果蔬的呼吸作用，延缓成熟过程，从而达到保鲜的目的。用气调法贮藏叶菜能有效地降低叶绿素分解并保持其原有风味与品质。采用轻度真空包装或自发气调保鲜膜包装也具有较好的防腐保鲜作用。龚吉军等研究表明，将黄花菜用小袋包装气调贮藏，在较低的温度下，结合使用保鲜剂和吸氧剂，可很好地延缓其衰老，延长贮藏寿命。

干黄花菜气调库保藏

（二）冷冻与冷藏

冷冻与冷藏是利用低温降低冷藏品的呼吸代谢，减弱果蔬的生理活动和降低病原菌的发生率来延长果蔬的保鲜期。研究表明，温度对黄花菜的呼吸强度、蒸腾作用的影响比较显著。黄花菜在低温贮藏的前3天呼吸强度迅速下降，随后呼吸强度始终保持在较低水平；随着贮藏温度和成熟度的提高，呼吸强度降低的幅度也随之减小。

冷冻与冷藏对黄花菜的保藏都有较好的效果。冷藏是果蔬保鲜中应用最为广泛的方法，鲜黄花菜在冷藏条件下的保鲜期为一个月左右；这可在短期内满足生产与食用的需求，但不能保证周年供应。范学钧等研究发现，7～8 cm长花蕾在冰箱低温下（0～5℃）冷藏保鲜期为3～4天，5～6天发黏，7～8天内腐烂；花蕾在低温下还有伸长甚至开花的能力，5～6 cm长花蕾低温冷藏可保鲜7天。近年来速冻蔬菜发展迅速，因其采用先进的加工技术，可保持黄花菜的色泽、风味、质地和维生素C等营养成分，并解决周年供应的问题。余铭等的发明专利“一种速冻黄花菜的制作方法”，首次将液浸式速冻技术运用到了黄花菜的保鲜中。规模化、工厂化集中加工也可采用冻干法，利用科学方法和现代设备，将黄花菜通过漂烫、速冻、脱水、真空干燥等程序进行加工，加工过程中不添加任何化学和食品添加剂，较好地保持了蔬菜的营养成分、色泽和口感，达到国际绿色食品标准，但投资较大。

鲜黄花菜冰箱保鲜

（三）化学保鲜

化学保鲜是通过食品添加剂保鲜（防腐剂、杀菌剂、抗氧化剂）、抗生素保鲜、淹渍或烟熏等方法对食品进行保鲜，进而延长果蔬的货架期。长期以来，使用化学保鲜剂调控果蔬的采后保藏一直被认为是快速有效的方法。但随着公众食品安全意识的增强，人们开始注意到化学防腐保鲜剂的潜在危险。不过，随着科技的发展，越来越多天然食品保鲜剂被开发出来。6–苄基腺嘌呤（6–BA）处理能提高黄花菜中的超氧化物歧化酶的活性，同时能抑制超氧自由基、丙二醛的生成，抑制过氧化物酶和过氧化氢酶活性的提高，从而延缓采后黄花菜的衰老。用食品添加剂焦亚硫酸钠加工黄花菜，只要密封完全，可保7～8天不发霉。其方法操作简便、节约成本，且加工出的黄花菜黄亮耐贮，干菜率高。但采用此法会造成产品营养成分损失较大，操作不当还会导致SO_2超标。

贮藏第12天

贮藏第24天

盐渍型黄花菜

发酵型黄花菜

黄花菜化学保鲜

（四）物理保鲜

物理保鲜主要是将电、磁、微波、辐射、臭氧和超高压技术等应用于食品保鲜过程来延长食品的保鲜期，具有高效安全、无污染、无残留、可保持食品原有色泽风味等优点。随着消费者对食品的质量与安全性的要求越来越高，物理技术已被越来越多地应用于食品贮存与保鲜。

鲜黄花菜烧烤串

郑贤利等利用60Co-y射线辐照新鲜黄花菜，结果表明，不同的包装材料、不同的包装方式、不同的贮存条件、不同的吸收剂量均影响鲜黄花菜的保鲜效果，且鲜黄花菜保鲜效果与辐照剂量有关，低剂量优于高剂量。范学钧等采用紫外线加充O_3、紫外线加抽气减压分别处理7～8 cm长的新鲜黄花菜后，保鲜效果好，在低温冷藏条件下可贮存10天左右。杨大伟等对薄层黄花菜先热风干燥至含水量为48%，再改用微波干燥到最终含水量15%，不但能明显缩短干燥时间，而且可保证产品质量。

（五）热处理

采后热处理常用于农作物的消毒与灭虫，也用于花类和果蔬的保鲜。热处理能抑制果蔬呼吸强度，抑制乙烯生成及相关酶活性，促进果蔬保持色泽和硬度，有效防止冷害、病虫害的发生。热处理还能杀死或钝化引起腐烂的多数病原菌。由于热处理的时间短，故对果蔬各种生化指标的影响不大。在对黄花菜进行热处理时，不仅可以灭活黄花菜中的酶活性防止酶促反应的进行，还能对黄花菜中的秋水仙碱起到很好的脱除作用。

（六）生物免蒸保鲜

生物免蒸保鲜法是将采摘的新鲜黄花菜装入聚乙烯塑料袋或密闭容器中，每装20 cm一层厚鲜菜洒一层脱水保鲜剂（粉剂），每百公斤鲜菜用100 g，然后将袋口扎紧密封，48 h以后达到杀青效果；如遇雨天密封6–7天不影响干制效果。其采用的黄花菜脱水保鲜剂以二十多种植物为原料配制而成，已获国家专利。

二、黄花菜的干制技术

干制是黄花菜加工最传统的方法，因为鲜黄花菜在采摘后如不脱水干制，很容易发霉变质，干制以后则能长期保存，供周年销售、食用。根据国标GB 7949—1987《黄花菜》要求，成品干制黄花菜含水量不得超过15.0%，总酸含量不得高于3.0%，总糖含量不得低于37.5%，蛋白质含量不得低于11.0%。

根据脱水前预处理技术不同，干制黄花菜可以被简单分为两种：先经蒸制然后干燥的称为原菜，一般颜色老黄；采摘后不经蒸制而是添加3.0%～3.5%的焦亚硫酸钠处理然后干燥的称为药菜。由于亚硫酸盐具有抑制酶促褐变和非酶促褐变的作用，可抑制微生物的生长繁殖，故该处理所得的干制黄花菜一般呈鲜黄色，外观漂亮具有吸引力。但药菜加工中会产生SO_2残留，若残留超标，可能会危害人体健康。所以卫健委规定，经焦亚硫酸钠处理过的干制黄花菜中SO_2残留量不得高于200 mg/kg。

干制黄花菜的加工工艺包括选料、预处理（蒸制或腌制）、干制（晒干、烘干或冷冻干燥）、熏硫、回软、检验、包装与成品。

（一）选料

选择饱满，花瓣纵沟明显、结实，花蕾充分发育、尖嘴处似开非开，富有弹性，黄色的新鲜黄花菜为原料。剔除开放、黄化、衰老及遭病虫为害的花苞，并轻轻摘去花蕾上的木质化花梗。裂嘴前1～2 h采摘的花蕾产量高、质量好。

鲜黄花菜装盘杀青

（二）预处理

1. 蒸制

采摘后应及时进行蒸制，以防花蕾开花，已开花的需除去。黄花菜蒸制的作用是利用高温蒸汽的热量，迅速杀死花蕾内部生物酶的活性，防止其在加工过程中因氧化引起褐变甚至腐烂，保持营养，便于干燥。

（1）蒸房建设

蒸房由一个大锅炉及锅台上建的一间小房组成。房的侧面和顶棚封闭，正面开门，房内用架杆分为3～4层，每层摆2个筛，在房的一侧上下各插入1支温度计。

（2）蒸制要领

① 装筛：先将鲜黄花菜蓬松地装在筛里，以便受热均匀，成熟度一致。每个筛中放入黄花菜5～6 kg，一般厚12～15 cm，中间略高，四周稍低，呈馒头状，中间轻扒出凹坑，利于蒸汽上升。

② 蒸制：蒸前将清水倒入锅内，水量以距底蒸格10 cm左右为宜；把筛放入蒸房，关严门，点燃蒸汽锅炉，通过锅炉产生的水蒸气来提高蒸箱的温度；当蒸房温度达70～75℃时，再蒸3～5 min即熟。

（3）适度标准

① 熟度标准（5成熟度），即颜色由黄绿色转为淡黄绿色，花身发软，竖起花柄稍弯曲，手搓花蕾有轻微嗦嗦声，里生外熟。

② 橱内蒸汽往外冒时即可。

③ 装花高度凹下1/3～1/2。

蒸制过火花蕾会成油条状，不仅质量差、色暗，且成品率低；蒸制火候不到则成“火炮筒”，干后成“泡杆”，且难晒干，应于次日选出再蒸。

鲜黄花菜简易杀青

鲜黄花菜蒸房杀青

鲜黄花菜杀青后等待晾晒

工厂化杀青

现代工厂化蒸煮杀青

2. 腌制

(1) 方法

鲜黄花菜应就地收购，就地腌制。将食用添加剂焦亚硫酸钠与鲜黄花菜按3.0%～3.5%的比例拌匀，装入密闭容器，放在温室或光线充足的地方腌制24 h，捞出沥干水分，即可干燥。这种方法比传统蒸制法操作简单、省工、省燃料，且加工不受数量限制，特别是阴雨天不会造成大量花蕾霉烂。此法干制后的黄花菜色泽金黄，没有细条或青条，商品品相好。

真空鲜黄花菜

（2）注意事项

① 腌制过程中，在20～60℃范围内随温度升高，出芽率会增加。

② 严格控制添加剂焦亚硫酸钠的用量，以4.0%为宜。

③ 焦亚硫酸钠在腌制过程中分解出的SO_2对金属设备有腐蚀作用，因此在加工中不要使用金属容器及器械。

④ 法干制的黄花菜食用前要用热水洗2～3次。

⑤ 可采用50 kg鲜黄花菜、50 kg水、0.25 kg焦亚硫酸钠泡制，达到含硫不超标且又能保鲜保质的目的。

（三）干燥

蒸制后的花蕾要倒在席箔上，堆放30 min左右（即休汗），利用余热调整蒸制成熟度和收敛花蕾表皮上的糖分，让花蕾产生一系列生物化学变化，使熟度均匀，色泽美观；休汗后在清洁通风的地方摊晾一晚上，再进行干燥。经干燥后的黄花菜用手握紧不脆，松手后又能自然散开，互相不粘连，品质稳定，便于贮藏远销。

常用的黄花菜脱水干燥方法有两种：一是晒干法，即在阳光良好的条件下暴晒2～3天；二是烘干法，可采用多种现代食品加工技术完成。

1. 晒干法

将晒床放在光线充足的地方，晒床高度一般在30～60 cm，然后将蒸制或腌制好的黄花菜均匀摊在苇席上，厚度2～3 cm，曝晒，每天翻动1～2次。一般需2～3天，成本低，成品色泽美观、品质好。第1天要用双席对翻，即用一个空席盖在晒床上，夹住翻转，既快又不粘席，花蕾干后粗直不弯曲；尚未干时不能平翻，以防干后卷曲。晚上要注意把黄花菜收起来并用布盖在上面，防止晒干的黄花菜再次受潮。一般晒到黄花菜捏起来紧实、松开之后自然舒展，并且花蕾之间不会粘连在一起时即为完成。如果遇到连续阴天的情况，可以用5‰的硫黄蒸熏处理，防止黄花菜发霉腐烂。

2. 烘干法

（1）直接烘干法

每平方米烘盘上面宜放5 kg左右经过处理的黄花菜进行烘干。在烘干的初期，黄花菜的水分还比较多，可以把烘房的温度调到80～85℃，再放入黄花菜，之后可以把温度降到60～65℃，烘12～15 h，再慢慢地降到50℃，直到黄花菜彻底干燥。为了防止黄花菜被烘焦，要及时更换烘盘，而且要定时翻动，以保证烘干的黄花菜干燥程度是一样的。

（2）间接烘干法

将蒸熟的花蕾均匀地摊在烘帘上，待烘具烘热后将烘帘送入烘房。烘房温度应保持在50～70℃，烘至半干后拿出摊晾，第2天再烘——因一次烘干会发生青色僵硬条，影响质量。通常烘至七八成干时即可，再选择晴天晒干。干燥期间一般进行2～3次倒盘，时间以不超过10 h为宜。

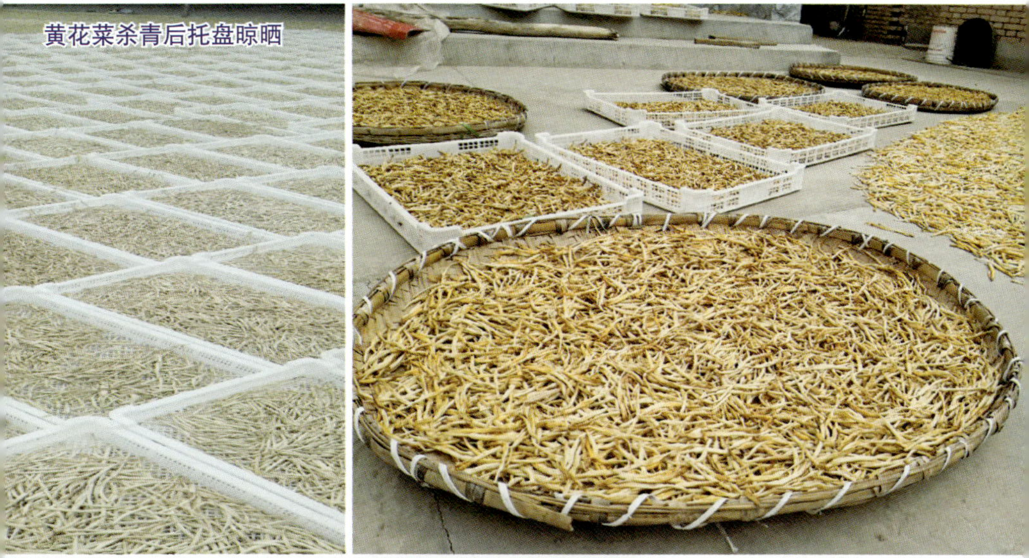
黄花菜杀青后托盘晾晒

黄花菜烘干设备及烘干后黄花菜

（四）熏硫与回软

将经蒸制、干燥后的黄花菜置于晾盘中，放入熏硫室进行熏硫，用量为1 t黄花菜燃烧3～4 kg硫黄，熏硫3～5 h。熏硫的目的是防止干黄花菜发霉、生虫，改善产品色泽。脱水黄花菜包装上市前还需入缸回软2～7天，使水分保持均衡，成品不干脆、略发软。

（五）检验

直观要求：色泽金黄无油渍状，气味芬芳，干燥清爽，挺直不结块，根条长短均匀，肉质肥厚，无虫蛀。

肉质要求：含水量低于15%，总酸量小于3%，总糖量大于37.5%，蛋白质含量大于11%，并经检验符合安全卫生指标。

黄花菜的初步检测：可用手捏一把黄花菜，感到软中有硬，放开后很快松散，表示干燥度适宜；迟迟不散开的，表示含水量过多。再用鼻嗅其味，馥郁清香者为佳；味平淡者品质稍差。如有杂质应及时剔除。

（六）黄花菜分级

一等菜：色泽金黄，油性大，条子长，粗壮均匀，少量裂嘴不超过1 cm，无霉变、无杂质、无虫蛀。

二等菜：色泽黄，油性中，条子粗壮均匀，少量裂嘴不超过1.5 cm，半截轻油条不超过5%，无霉变、无杂质、无虫蛀。

三等菜：色泽淡黄，油性少，条子细短，裂嘴多，半截油条菜不超过10%，无霉变、无杂质、无虫蛀。

（七）包装与产品贮存

成品可用双线麻袋、塑料薄膜食品袋或一定规格的复合塑料袋真空密封包装。贮存时仓库要通风、干燥，保持室温15～25℃，相对湿度70%左右，特别注意夏秋季节要调节温、湿度，隔绝高温高湿，确保不霉变、生虫。冷库贮藏温度为2～3℃，相对湿度70%左右，可冻死蛀虫和霉菌；贮藏2年以上产品色泽、香味不变。

黄花菜冷链设备

黄花菜冷链仓库

鲜黄花菜速冻部分设备

三、黄花菜新产品的加工

（一）即食黄花菜

谭兴和等以脱水黄花菜为原料，经过原料挑选、清洗、复水、预煮、离心脱水后，加入各种调味物质（复合核苷酸、复合香辛料、0.05%的$CaCl_2$和0.05%的山梨酸加调味），拌匀、装袋、真空密封、杀菌（90℃，5 min）和冷却，开发出开袋即食的黄花菜产品。产品采用玻璃瓶、复合铝箔或聚丙烯复合蒸煮袋包装，可保存9个月以上。国内相关发明专利还有“一种补血腌制黄花菜”“一种酱黄花菜”和“一种黄花菜咸菜”等。

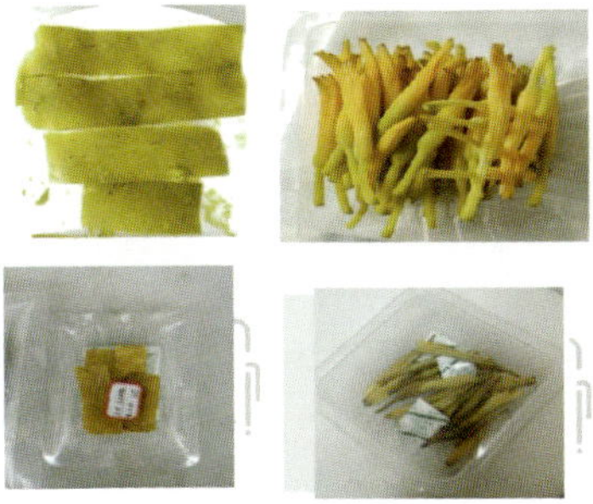
黄花菜小食品

黄花菜酥性饼干

黄花菜粉

黄花菜即食产品

（二）速冻黄花菜

张欣等发布了黄花菜速冻工艺的研究结果，主要流程是原料挑选、清理、清洗、烫漂[沸水（98±2）℃，1 min]、冷却（<10℃）、沥水和速冻，冷风温度一般为-40～-35℃，冻品间的空气流速为1.5～5.0 m/s，经5 min后黄花菜花蕾的中心温度达到-18℃以下，立即包装后冷藏贮存。在黄花菜速冻保藏工艺研究中，龚吉军发现用0.2% $NaHCO_3$作护色液保绿，在（95±1）℃下热烫50 s的保绿效果最好，即可保证在解冻后使褐头率尽可能低，又能充分减少热烫中黄花菜的营养物质损失。该类产品加工成本比较高，主要面对国际市场的需求，远销日本与韩国等地。

（三）黄花菜饮料

黄花菜含有丰富的维生素C和Ca、Fe、P等微量元素，它所含的类胡萝卜素与多酚类物质又是天然色素，且具备重要的保健功能，如能开发为饮料，其市场价值不可估量。黄花菜饮料的加工技术，主要方法是原料挑选、漂洗、除杂、热烫（80℃，10 min），打浆机和胶体磨打浆（黄花菜与50℃矿泉水的质量比为1∶1），过滤；然后根据不同情况添加如下配料：黄花菜汁、白砂糖、柠檬酸、蜂蜜等；最后经脱气、均质、杀菌、灌装和封口，即为成品。

目前市场上相关产品还比较少，国内相关发明专利多集中在以黄花菜为配料之一的功能饮料上，如“酸枣仁黄花茶汤的制作方法”“一种益智补脑的食品养生饮料及其制备方法”和“一种防治神经衰弱的奶茶的制作方法”等。李安平等对黄花菜复合饮料加工工艺进行了研究，得到的最佳配方为：黄花菜汁35%，橙汁5%，柠檬酸0.12%，白砂糖8%，其成品甘甜清爽，具有黄花菜独有的风味。张先淑等则是以黄花菜和金银花为加工对象，制作了黄花菜金银花复合饮料。梁彦在鲜牛奶中添加蜂蜜及黄花菜汁，接种保加利亚乳酸菌和嗜热链球菌，发酵后得到了口感细腻、营养丰富的黄花菜风味酸奶。

（四）黄花菜餐饮食品

1. 黄花菜泡菜

用黄花菜加工的泡菜酸爽可口，可通过进一步研究，完善生产技术后加以推广。黄花菜泡菜既可开发成休闲食品，也可开发成预制汤菜食品，还可制成方便面调料包等产品。

2. 黄花菜汤菜

将黄花菜与猪肉、牛肉、鸡肉等一起，加工成预制汤菜食品，可方便食用，节省烹饪时间。在植物油中加入香辛料，烹出香味后加入禽肉丁炒熟，再加入黄花菜和其他配料翻炒均匀，然后加入红茶汤小火焖炖，可制得黄花菜红茶罐头。所得产品香味宜人、香辣可口，同时具备黄花菜和红茶的保健功能。

3. 膳食纤维食品

黄花菜中含有的钙和纤维素远高于香菇、木耳和冬笋三种蔬菜珍品。采用超微粉碎技术和重组技术，可以黄花菜为原料研制出现代膳食纤维食品，并进一步开发成保健食品，满足市场需要。

（五）药膳食品

将黄花菜开发成催乳食品、改善睡眠质量食品、健脑食品、通便食品等各类药膳食品，可以满足各类人群的保健需要。日本有报道称黄花菜为“健脑菜”具有补脑益智和提高记忆力的作用。研究表明，黄花菜能显著降低动物血清胆固醇，而胆固醇的增高是导致中老年疾病和机体衰退的重要原因之一。还有专家指出，能够抗衰老而味道鲜美、营养丰富的蔬菜并不多，而黄花菜算一种。

孙中山先生对中医学和饮食营养有很深的研究，他曾根据自己的实践经验，把素食中的黄花菜、木耳、豆腐和豆芽列为中老年补气养血及抗衰老的良方——被后人誉为“中山四物汤”。在配方中加入杏仁粉、花生碎、黄花菜、刺五加等物，可制备出杏仁理肺润肺饼干，该饼干香味适中、营养丰富且口感好，药膳成分具有祛风湿、强筋骨、补气血的作用。

（六）花粉食品

花粉的开发利用已在食品、营养保健品和药品等领域取得了一定发展。黄花菜中含有一定量的花粉，可将已经开花的黄花菜花粉利用起来，开发为花粉食品。

黄花菜药膳食品

参 考 文 献

［1］ 陈继培. 黄花菜保健食疗汤［J］. 家庭中医药，2003（2）.

［2］ 范学钧，任考亮，李士豪，等. 黄花菜保鲜与干制试验初报［J］. 西北园艺（综合），2000（6）：13–14.

[3] 龚吉军，谭兴和，夏延斌，等. 速冻黄花菜预处理工艺［J］. 中南林业科技大学学报，2004，24（5）：113–116.

[4] 龚吉军. 黄花菜贮藏保鲜研究［D］. 湖南农业大学学报，2003.

[5] 潘炘. 黄花菜保鲜与保健功能的研究［D］. 浙江大学学报，2006.

[6] 谭兴和，夏延斌，李映武. 即食黄花菜加工工艺研究［J］. 食品与机械，2003（3）：34–35.

[7] 杨大伟，夏延斌. 脱水黄花菜加工过程中的预处理工艺研究［J］. 食品工业科技，2003（11）：44–47.

[8] 杨富民，张丽，严晓娟. 干制黄花菜工业化生产工艺技术［J］. 农业工程学报，2008，24（11）：264–267.

[9] 姚扶有. 健脑佳蔬黄花菜［J］. 中国保健食品，2010（6）：32–33

[10] 湛奎. 植物提取液预处理鲜黄花菜的保质效果研究［D］. 湖南农业大学，2012.

策划编辑：林孝栋　康昊婷
责任编辑：康昊婷
封面设计：郑　川

黄花菜高质量发展技术

HUANGHUACAI
GAOZHILIANG FAZHAN JISHU

ISBN 978-7-5655-2721-0

定价：49.00元

乡村振兴人才培养系列教材

图说现代农业高质量发展关键技术丛书

图说 温室 甜樱桃 栽培关键技术

TUSHUO WENSHI TIANYINGTAO
ZAIPEI GUANJIAN JISHU

孟凡丽　梁春莉　于立杰 ◎ 编著

中国农业大学出版社
China Agricultural University Press